JN094052

理工系学生のための
量子力学・
統計力学入門

小鍋 哲 著

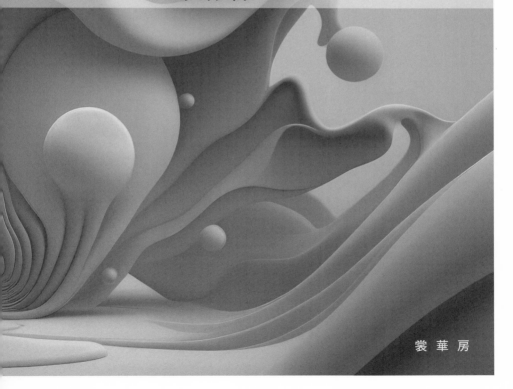

裳華房

Introduction to Quantum Mechanics and Statistical Mechanics for Science and Engineering Students

by

Satoru KONABE

SHOKABO
TOKYO

JCOPY 〈出版者著作権管理機構 委託出版物〉

は じ め に

　この教科書は，物理学をツールとして活用する，理工系学部の応用分野の学生を対象に，量子力学と統計力学の基礎を効率的に解説することを目的として執筆したものです．現代社会を支えるエレクトロニクスやナノテクノロジーを理解するためには，電子・原子・分子などのミクロな世界を記述する量子力学と，ミクロな世界からマクロな世界への橋渡しをする統計力学の知識が非常に重要です．

　理工系学部の多くの学科では，量子力学と統計力学を学ぶ科目が設けられていますが，物理学科以外では量子力学と統計力学の学習に十分な時間を割けないため，両者を1つの科目で学ぶカリキュラムが一般的です（「電子物性」，「半導体物性」，「電子物性工学」など科目の名称は様々ですが）．しかし，量子力学と統計力学の内容が1冊にまとまり，短期間で効率的に学ぶことのできる基礎的な教科書は多くありません．

　そこで，この教科書は，物理学を専門としない学生が量子力学と統計力学の基礎を半期で学べることを目指し，以下の工夫を行いました．

- 量子力学と統計力学の内容がそれぞれ独立ではなく，両者がスムーズかつ自然につながり，1冊の教科書として学びやすい構成にしました．
- すべての計算に対して式変形の詳細を掲載し，内容の理解を深めるための例題や章末問題を用意しました．
- 初めて学ぶ際に必ずしも必要ではない項目は省略し，量子力学や統計力学を応用するための基礎として，簡潔で必要十分な内容にしました．
- 章の最後に，その章で学んだ内容の応用例をコラムとして載せ，量子力学や統計力学の応用との関わりを紹介しました．

　量子力学と統計力学を習得するのは簡単ではありませんが，まずは半期の間，本書で量子力学と統計力学をじっくり学んでみてください．本書で基礎を学んだ皆さんが，量子力学や統計力学を応用した各分野の学習に楽しんで取り組んでくださるなら，これ以上の喜びはありません．

　最後に，本書の執筆にあたり，多くの方々からご支援をいただきました．まずはじめに，本書の執筆を勧めていただいた山本貴博氏に心より感謝申し上げます．さらに，中村俊博氏，笹岡健二氏，渡部昌平氏，学生の松井優樹さん，吉田 巧さんには，原稿を丁寧に通読していただき，読者としての立場から貴重なご意見をいただきました．また，裳華房の小野達也氏と團 優菜氏には，執筆が進まない時期にも辛抱強くお待ちいただき，内容，編集，校正に関して的確なアドバイスと，挫折しそうな時に励ましをいただきました．ここに，心からの感謝の意を表します．

　　2023 年 7 月

　　　　　　　　　　　　　　　　　　　　　　　　　　小 鍋　哲

目　　　次

1　量子力学はなぜ必要か？

1.1　古典力学と量子力学 ·············· 1
1.2　二重スリットの実験（外村実験）〜 電子の粒子性と波動性 〜 ··3
　1.2.1　ボールの場合 ············· 3
1.2.2　光の場合 ····················· 4
1.2.3　電子の場合 ·················· 4
1.3　ド・ブロイの物質波とアインシュタイン–ド・ブロイの関係式·5

2　シュレーディンガー方程式と波動関数

2.1　シュレーディンガー方程式の導入 ························· 9
　2.1.1　自由粒子に対するシュレーディンガー方程式 ············· 9
　2.1.2　ポテンシャル中の粒子に対するシュレーディンガー方程式 ··························· 11
　2.1.3　ハミルトニアンとシュレーディンガー方程式 ············· 12
　2.1.4　波動関数と重ね合わせの原理 ······················· 13
2.2　時間に依存しないシュレーディンガー方程式 ··············· 14
　2.2.1　時間に依存しないシュレーディンガー方程式の導出 ····· 14
　2.2.2　固有関数と固有値 ········· 16
2.3　波動関数の物理的な意味 ······· 16
　2.3.1　波動関数の確率解釈 ······· 16
　2.3.2　外村実験 ················· 18
2.4　確率流と確率の保存 ············· 20
章末問題 ····························· 22

3　物理量の期待値と測定値

3.1　様々な物理量の期待値 ········· 24
　3.1.1　期待値とは？ ··············· 24
　3.1.2　位置の期待値 ··············· 25
　3.1.3　運動量の期待値 ············· 26
　3.1.4　座標演算子 ················· 28
　3.1.5　任意の物理量の期待値 ···· 29
3.2　エーレンフェストの定理と古典力学との対応 ················· 30
　3.2.1　エーレンフェストの定理· 30
　3.2.2　波束と古典力学との対応· 33
章末問題 ····························· 34

4   シュレーディンガー方程式を解く (I) ～井戸型ポテンシャル～

4.1   井戸型ポテンシャル ………… 36
  4.1.1   シュレーディンガー方程式
    とその解 ………………… 36
  4.1.2   量子数，エネルギーの
    量子化，ゼロ点エネルギー ‥ 41
  4.1.3   波動関数の直交性 ……… 42

  4.1.4   位置と運動量の期待値と
    不確定性原理 ……………… 43
4.2   箱型ポテンシャル ………… 46
  4.2.1   自由粒子が 1 個の場合 ‥ 46
  4.2.2   自由粒子が N 個の場合 ‥ 49
章末問題 …………………………… 50

5   シュレーディンガー方程式を解く (II) ～調和振動子型ポテンシャル～

5.1   調和振動子型ポテンシャル ‥ 52
5.2   調和振動子型ポテンシャルの
  固有状態と固有値 …………… 54
  5.2.1   シュレーディンガー方程式
    …………………………… 54
  5.2.2   生成演算子と消滅演算子・ 57
  5.2.3   シュレーディンガー方程式

    を解く：基底状態 ………… 59
  5.2.4   シュレーディンガー方程式
    を解く：励起状態 ………… 63
  5.2.5   エルミート関数で表された
    波動関数 ………………… 68
5.3   束縛状態 …………………… 70
章末問題 …………………………… 71

6   シュレーディンガー方程式を解く (III) ～散乱問題～

6.1   1 次元の散乱問題 ………… 73
  6.1.1 $E > V_0$ の場合 ………… 74
  6.1.2 $E < V_0$ の場合 ………… 79
  6.1.3   連続状態 ………………… 81
6.2   トンネル効果 ……………… 81

  6.2.1   シュレーディンガー方程式
    とその解 ………………… 81
  6.2.2   透過率とその性質 ……… 83
章末問題 …………………………… 87

7   量子力学の基礎概念

7.1   状態と物理量と測定値 ……… 89
7.2   物理量を表す演算子の性質 ‥ 91
7.3   不確定性関係 ……………… 94

7.4   スピン ……………………… 96
章末問題 …………………………… 98

8　統計力学はなぜ必要か？

8.1　熱力学と量子力学と統計力学
　　 ………………………… 99
8.2　熱力学の基礎 ……………… 100
　8.2.1　熱力学の第 1 法則 ……… 101
　8.2.2　熱力学の第 2 法則 ……… 101
　8.2.3　物質の熱力学的性質
　　 〜 状態方程式 〜 …………… 102

8.3　熱力学の法則と状態方程式の
　　 関係 …………………………… 103
　8.3.1　熱力学の基本方程式 …… 103
　8.3.2　熱力学の基本方程式と
　　 状態方程式 ………………… 104
8.4　統計力学に向けて …………… 110

9　孤立系の統計力学　〜 ミクロカノニカル分布の方法 〜

9.1　ミクロ（量子力学）とマクロ
　　 （熱力学）を結びつけるには？
　　 ………………………………… 112
9.2　等重率の原理とミクロカノニカ
　　 ル分布 ………………………… 113
　9.2.1　ミクロな状態とマクロな
　　 状態の対応関係 …………… 113
　9.2.2　等重率の原理とミクロカノ
　　 ニカル分布 ………………… 115
9.3　統計力学的エントロピー

　　 〜 ボルツマンの原理 〜 ……… 116
　9.3.1　エントロピーと熱力学量 116
　9.3.2　ボルツマンの原理と統計
　　 力学的なエントロピー …… 117
9.4　ミクロカノニカル分布の応用
　　 ………………………………… 120
　9.4.1　単原子分子の理想気体の
　　 状態方程式 ………………… 120
　9.4.2　固体の定積熱容量 ……… 125
章末問題 …………………………… 129

10　閉鎖系の統計力学　〜 カノニカル分布の方法 〜

10.1　ミクロカノニカル分布から
　　 カノニカル分布へ …………… 131
　10.1.1　カノニカル分布 ………… 131
　10.1.2　ボルツマン因子 ………… 134
10.2　エネルギーの平均値と分配
　　 関数 …………………………… 134
10.3　ミクロな状態から得られる

　　 熱力学量　〜 ヘルムホルツの自由
　　 エネルギー 〜 ………………… 135
10.4　カノニカル分布の応用 ……… 138
　10.4.1　単原子分子の理想気体 · 138
　10.4.2　単原子分子の理想混合
　　 気体 ………………………… 142
章末問題 …………………………… 145

11 開放系の統計力学 ～ グランドカノニカル分布の方法 ～

11.1 ミクロカノニカル分布から
グランドカノニカル分布へ … 147
11.2 粒子数とエネルギーの平均値
……………………… 150
11.3 ミクロな状態から得られる
熱力学量
～ グランドポテンシャル ～ ….. 151

11.4 各分布による方法の比較 …. 153
11.5 グランドカノニカル分布の
応用 ……………………… 154
11.5.1 単原子分子の理想気体・154
11.5.2 表面吸着 ……………… 156
章末問題 …………………………… 158

12 量子統計の基礎

12.1 同種多粒子系の波動関数 …. 160
12.1.1 同種粒子と波動関数の
対称性 ……………… 160
12.1.2 理想量子気体の波動関数
……………………… 162
12.2 フェルミ統計とボース統計・163
12.3 フェルミ分布関数とボース
分布関数 ……………… 165
12.3.1 大分配関数とグランド
ポテンシャル ………… 165
12.3.2 フェルミ分布関数 ……. 167
12.3.3 ボース分布関数 ………. 169

12.3.4 1粒子状態密度 ………. 170
12.4 古典極限における理想量子
気体 ……………………… 172
12.4.1 熱的ド・ブロイ波長
～ 古典らしさと量子らしさ ～
……………………… 172
12.4.2 古典極限における理想
量子気体のグランドポテン
シャル ……………… 174
12.4.3 古典極限における理想
量子気体の状態方程式 ……. 176
章末問題 …………………………… 178

13 量子統計の応用

13.1 理想フェルミ気体
～ 電子気体の場合 ～ ………… 180
13.1.1 $T=0\,\mathrm{K}$ のとき ……… 180
13.1.2 $T>0\,\mathrm{K}$ のとき ……… 182
13.1.3 理想フェルミ気体の粒子
数 N と化学ポテンシャル μ
の関係 ……………… 184

13.1.4 理想フェルミ気体の
圧力 P …………………… 186
13.1.5 理想フェルミ気体の内部
エネルギー U と熱容量 C・・186
13.2 半導体入門 ～ 熱平衡状態に
おける半導体の性質 ～ ………… 188
13.2.1 半導体 ……………… 188

13.2.2　真性半導体の基底状態と
　　　　励起状態 ………………… 189

13.2.3　真性半導体の熱平衡状態
　　　　………………………… 190

13.3　理想ボース気体
　　　〜 光子気体の場合 〜 ………… 195

章末問題 ……………………………… 198

章末問題解答 ………………………………………………… 199
さらに勉強するために ……………………………………… 209
索引 …………………………………………………………… 211

なぜ量子力学が必要か？

　我々が普段目にする身の回りの物体は，**古典力学**，すなわち**ニュートンの運動法則**に基づいて運動しています．ところが，その物体を構成している原子や電子のようなミクロな物質の世界では，もはや古典力学は通用しません．そこでは，**量子力学**という力学法則が成り立っていて，それに従うミクロな物質は私たちの直観が全く及ばない不思議な運動をしているのです．しかし，このようなミクロな世界を量子力学を用いて理解できるからこそ，エレクトロニクスやナノテクノロジーなど現代の我々の生活を支える技術があるのです．

　この章では，なぜ量子力学が必要なのかを説明し，ミクロな世界を学ぶための準備をします．

1.1　古典力学と量子力学

　まず，マクロな物体が従う**古典力学**を考えましょう．質量 m の粒子が力 $F(x,t)$ を受けて，x 軸上で 1 次元の運動をしているとします．古典力学で，この粒子の運動を知るということは，この粒子の任意の時刻 t における位置 $x(t)$ や速度 $v(t) = dx(t)/dt$ を知るということです．そして，位置や速度は，ニュートンの運動の第 2 法則，すなわち**ニュートンの運動方程式**

$$m\frac{d^2x(t)}{dt^2} = F(x,t) \tag{1.1}$$

を与えられた初期条件のもとで解けば求めることができます．なお，この式はポテンシャル（ポテンシャルエネルギーともいいます）$V(x,t)$ を用いて

$$m\frac{d^2x(t)}{dt^2} = -\frac{\partial V(x,t)}{\partial x} \tag{1.2}$$

のように表すこともできます．

　古典力学を用いると，自由落下や単振動などの身近にある簡単な運動か

ら，惑星の公転という宇宙規模の運動にいたるまで，実に様々な運動を理解
することができます．

　ところが古典力学では，ナノメートル $(10^{-9}\,\mathrm{m})$ 程度のミクロな世界の原
子や電子などの運動を理解することができません．原子の中の電子の運動を
ニュートンの運動方程式から求めても，実験結果を説明することができない
のです．そのため，電子などが主役となるミクロな世界では，古典力学に代
わり，**量子力学**という新たな力学法則が必要となります．それに伴い，力学
法則を表す基礎方程式も，ニュートンの運動方程式から**シュレーディンガー
方程式**というものに代わります．

　具体的にシュレーディンガー方程式を書き下すと，ポテンシャル $V(x,t)$
のもとで運動している質量 m の粒子に対しては，

$$i\hbar\frac{\partial \Psi(x,t)}{\partial t} = \left[-\frac{\hbar^2}{2m}\frac{\partial^2}{\partial x^2} + V(x,t)\right]\Psi(x,t) \tag{1.3}$$

と表されます．ここで，$\Psi(x,t)$ は粒子の**波動関数**とよばれる複素数の値を
もつ関数で，シュレーディンガー方程式の解として得られます．詳しくは第
2 章で説明しますが，量子力学では，古典力学のように粒子の位置そのものを
きちんと決めることはできず，この波動関数の絶対値を 2 乗した $|\Psi(x,t)|^2$ が，
粒子をある位置に見出す「確率」を与えます．なお，$\hbar$ は**ディラック定数**とい
い，これは量子力学を象徴する定数である**プランク定数** $h = 6.62607015 \times$
$10^{-34}\,\mathrm{Js}$ を用いて $\hbar = h/2\pi$ と定義されます．ディラック定数あるいはプ
ランク定数は，量子力学が関わる現象には必ず現れるため，量子力学を象徴
する定数といえるのです．

　シュレーディンガー方程式 (1.3) は，ニュートンの運動方程式 (1.1) と比
べると非常に複雑な形をしているため，これを基礎方程式として受け入れる
のは難しいかもしれません．しかし，これまでのところ，シュレーディンガー
方程式の解から計算された様々な物理量は，実験と見事に一致しており，
その正しさが証明されています．したがって，我々は量子力学，そしてシュ
レーディンガー方程式を物理法則として受け入れることで，ミクロな世界の
様々な現象を理解し，制御するために利用することができるのです．

　本書の目的は，シュレーディンガー方程式 (1.3) の解き方を学びながら，

量子力学の考え方に慣れること，そして，得られた解から実験と比較できるような物理量を計算する方法を学ぶことです．古典力学でニュートンの運動方程式 (1.1) を自由落下，単振動，あるいは惑星の運動などに適用し，その使い方を学んだように，量子力学もシュレーディンガー方程式 (1.3) を様々なミクロな世界の運動に適用することで，その使い方と意味を学ぶことができます．

　しかし，それではあまりに唐突過ぎるかもしれません．そこで，まずは古典力学では説明できない現象を紹介します．そのうえで，量子力学という新たな法則の必要性を見てみましょう．そのような現象を理解し，説明しようとする中で，シュレーディンガー方程式を「発見する」ことができます（シュレーディンガー方程式は物理法則，すなわちあらゆる物理現象の出発点なので，他の物理法則から演繹的に導くことはできません）．

1.2　二重スリットの実験（外村実験）〜 電子の粒子性と波動性 〜

　ここでは，量子力学の不思議さを最もわかりやすく示す二重スリットの実験を見てみましょう．この実験では，2 つのスリット（孔）のある壁（＝二重スリット）に向かって，ボール（＝粒子），光（＝波），電子をぶつけ，スリットを通り抜けた先でそれぞれがどのように振る舞うかを調べます．

1. ボールがスリットを通り抜けた後，スリットの先にある壁にぶつかる位置を測定する．
2. 光がスリットを通り抜けた後，スリットの先にあるスクリーンの明暗を観測する．
3. 電子がスリットを通り抜けた後，スリットの先にある検出器で検知される位置を測定する．

1.2.1　ボールの場合

　図 1.1 のように，二重スリットに向かって，広い範囲にわたりボールを投げつけます．多くのボールは壁に当たって弾かれますが，中にはうまくスリットを通り抜けるものがあります．二重スリットの先には壁があり，ボール

が当たると当たった場所がわかる
ような装置が設置されていて，そ
の結果はスクリーンに映し出され
ます．

　実験をすると，図 1.1 のスクリー
ンに示されているように，二重ス
リットに対応した 2 本の線が得ら
れます．

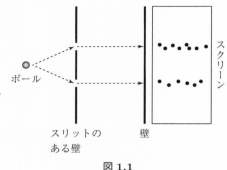

図 1.1

1.2.2　光 の 場 合

　図 1.2 のように，二重スリット
に向けて，光を広範囲に照射しま
す．二重スリットの先にはスク
リーンがあり，光の明暗を観測で
きるとします．さきほどのボール
とは異なり，光は波なので，二重
スリットを通り抜けた光は，それ
ぞれの波の山（または谷）同士が
重なれば強め合いますし，波の山

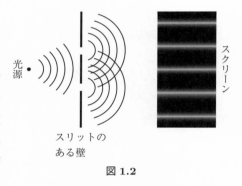

図 1.2

と谷が重なれば弱め合います．つまり，光は干渉するので，図 1.2 のスク
リーンに示されているように干渉縞を示します．これはヤングの実験として
よく知られた結果です．

　2 つの実験から，図 1.1 と図 1.2 のスクリーン上に検出された模様の違
い，すなわち，二重スリットを通り抜けた後の干渉の有無が，粒子（ボー
ル）と波（光）の違いを端的に示していることがわかります．

1.2.3　電子の場合

　それでは，最後に電子の場合について見てみましょう．電子を 1 つずつ
発射する装置（電子銃）があり，電子銃の右側には二重スリットがありま
す．また，二重スリットの先には壁があり，電子が壁のどこにぶつかったか

を検出する装置が設置されていて，
その結果はスクリーンに映し出され
ます．

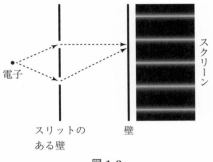

図 1.3

　二重スリットに向けて電子を広範
囲に発射すると，壁にぶつかった電
子が 1 つずつスクリーンに現れま
す．これを長時間続けるとどのよう
な模様になるでしょうか？

　電子は小さな粒子だというイメー
ジをもっていると，単純にボールを非常に小さくしただけと考えられるの
で，図 1.1 と同じ結果になりそうです．ところが，図 1.3 を見ると，むしろ
波（光）の場合の図 1.2 のように干渉縞を示します．

　この結果は，とても不思議です．電子は，検出器で 1 つずつ粒子のよう
に数えることができるのに，一方で，数多くの電子が壁に当たった後の結果
を見ると，まるで波のような干渉縞を示しています．電子は，電子銃を用い
て 1 つずつ発射しているので，他の電子からの影響を受けて，干渉縞が生じ
ているわけではありません．したがって，この結果を理解するためには，1 つ
の電子がスリットを通り抜けるとき，あたかも波のように 2 つのスリット
を同時に通り抜け，それらが干渉している，と考えるしかありません．つま
り電子は，スリットを通り抜けて壁にぶつかるまでは波のように振る舞い，
検出器で検出されるときは粒子のように振る舞う，ということです．この結
果を素直に受け入れると，電子は粒子性と波動性の 2 つの特徴をもつ「何か」
であるということになり，これを電子の**粒子と波動の二重性**といいます．

　以上の結果から，ミクロな世界の電子を古典力学に従う単なる粒子と考え
ることはできないことがわかりました．電子の二重スリット実験は，実際に
外村 彰博士らにより行われたため，外村実験ともいわれています．

1.3　ド・ブロイの物質波とアインシュタイン‐ド・ブロイの関係式

　電子の粒子と波動の二重性については，**ド・ブロイの物質波**という考え方
でより正確に表現できます．粒子の運動の特徴を表す物理量には，運動量 p

やエネルギー E があります．一方，波動を表す物理量は，波長 λ（あるいは，波数 k）と振動数 ν（あるいは，角振動数 ω）です．粒子性と波動性が互いに関連しているということは，粒子と波動を表すこれらの量がそれぞれ互いに結びついているということです．

アインシュタインは，金属に光を当てると電子が放出される**光電効果**という現象を説明するために，当時，波動と考えられていた光を粒子として扱い，**光子**という概念を創出しました．これに触発されたド・ブロイは，もともと波動だと思っていた光が粒子と見なせるなら，逆に，もともと粒子である電子などの物質を波動と見なせるのではないかと考えました．そして，運動量 p とエネルギー E をもつ粒子（電子など）は，

$$p = \frac{h}{\lambda} = \hbar k \tag{1.4}$$

$$E = h\nu = \hbar\omega \tag{1.5}$$

という関係により，波長 λ（あるいは，波数 k）と振動数 ν（あるいは，角振動数 ω）をもつ波動でもあるということを提案しました．

このような物質がもつ波動を**物質波**といい，その波長

$$\lambda = \frac{h}{p} \tag{1.6}$$

を**ド・ブロイ波長**といいます．また，粒子的な量と波動的な量を結ぶ (1.4) と (1.5) の関係式を**アインシュタイン – ド・ブロイの関係式**といいます．

粒子的な量（運動量やエネルギー）と波動的な量（波数や角振動数）が $\hbar$ や h を通じて等しいことを示すアインシュタイン – ド・ブロイの関係式は，量子力学における粒子と波動の二重性を端的に表しています．次の例題 1–1 で，物質波の波としての大きさを実感してみましょう．

[例題 1 – 1]　以下の場合について，ド・ブロイ波長を求めなさい．

(1)　質量 50 kg の人が時速 4 km で歩いているとき

(2)　運動エネルギーが 10 eV の電子（ここで，eV は電子ボルトというエネルギーの単位で，電子 1 個が 1 V（ボルト）の電位差を通過するときに得られるエネルギーを表します[1]．）

[**解**] (1) ド・ブロイ波長の式 (1.6) に与えられた数値を代入すると

$$\lambda = \frac{h}{p} = \frac{h}{mv} = \frac{6.63 \times 10^{-34} \,\text{Js}}{50 \,\text{kg} \times 4 \times 10^3 \,\text{m} \,/\, 3600 \,\text{s}}$$
$$= 1.2 \times 10^{-35} \,\text{m} \tag{1.7}$$

(2) エネルギー保存則より，V ボルトで加速された速さ v の電子（質量 m，電荷 e）については

$$\frac{1}{2}mv^2 = eV \tag{1.8}$$

の関係が成り立つので，

$$v = \sqrt{\frac{2eV}{m}} \tag{1.9}$$

となります．これをド・ブロイ波長の式 (1.6) に代入すると

$$\lambda = \frac{h}{p} = \frac{h}{mv} = \frac{h}{\sqrt{2meV}}$$
$$\simeq \frac{6.63 \times 10^{-34} \,\text{Js}}{(2 \times 9.11 \times 10^{-31} \,\text{kg} \times 1.60 \times 10^{-19} \,\text{C} \times 10 \,\text{V})^{1/2}}$$
$$= 3.88 \times 10^{-10} \,\text{m} \tag{1.10}$$

◆

　例題 1 - 1 (1) の結果を見ると，人が歩いているときのド・ブロイ波長は我々の体のスケール（1 m 程度）に比べて極めて小さいことがわかります．そのため，普段，我々は自分の体の波らしさを感じることはありません．同様に，例題 1 - 1 (2) の電子のド・ブロイ波長も数値だけを見ると小さく感じるかもしれません．しかし，例えば，コンピュータの CPU を構成するトランジスタのチャネル長は数ナノメートル（10^{-9} m）〜 10 数ナノメートル（10^{-8} m）程度なので，その中を移動する電子のド・ブロイ波長とチャネル長を比較すると大きな差はありません．つまり，トランジスタにとっては，その中を移動する電子の波らしさを無視することはできないのです．

---

[1] SI 単位系のエネルギーの単位である J（ジュール）とは，1 eV $= 1.602176634 \times 10^{-19}$ J の関係にあります．量子力学で扱うようなミクロな世界では，エネルギーを表すのに電子ボルトを使います．

　このように我々が日々利用しているコンピュータやスマートフォンなどの動作を半導体デバイスによって制御するとき，電子の波としての性質（＝量子力学らしさ）を考慮する必要があるのです．

シュレーディンガー方程式と波動関数

電子の二重スリットの実験（外村実験）により，電子などのミクロな粒子は，粒子性と波動性の両方の性質をもち，この二重性はアインシュタイン‐ド・ブロイの関係式で表される物質波として表現できることがわかりました．それでは，この物質波はどのような法則に従って運動するのでしょうか？　この法則こそが量子力学であり，その基礎方程式がシュレーディンガー方程式です．

この章では，物質波の運動を表現するシュレーディンガー方程式を見出してみます．また，シュレーディンガー方程式を満たす関数がどのような物理的な意味をもっているのかについて学びます．

2.1　シュレーディンガー方程式の導入

2.1.1　自由粒子に対するシュレーディンガー方程式

まず，外力を受けず空間中を自由に運動する粒子（＝自由粒子）について考えます．物質波は波動なので，波動を表す関数，すなわち周期関数で表現できるはずです．実際に時刻 t，位置 $\boldsymbol{r} = (x, y, z)$ における角振動数 ω で波数 $\boldsymbol{k} = (k_x, k_y, k_z)$ の波動（周期関数）は，$\cos(\boldsymbol{k} \cdot \boldsymbol{r} - \omega t)$ や $\sin(\boldsymbol{k} \cdot \boldsymbol{r} - \omega t)$，あるいは，オイラーの関係式を使って $e^{i(\boldsymbol{k} \cdot \boldsymbol{r} - \omega t)}$ のように複素数で表すことができます．ここで i は虚数単位です．

そこで，物質波を表す周期関数として，複素数の

$$\Psi(\boldsymbol{r}, t) = Ae^{i(\boldsymbol{k} \cdot \boldsymbol{r} - \omega t)} = Ae^{i[(k_x x + k_y y + k_z z) - \omega t]} \tag{2.1}$$

を考えてみましょう．ここで A は波動の振幅を表す定数です．実は，物質波は (2.1) のように複素数でなければならないことが後でわかります．

ところで，アインシュタイン‐ド・ブロイの関係式によれば，運動量と波数，エネルギーと角振動数はそれぞれ (1.4)，(1.5) の関係式で結ばれていま

した. そのため, 次のように, (2.1) の中の波数 k と角振動数 ω をそれぞれ運動量 p とエネルギー E で書き表すことができます.

$$\Psi(\boldsymbol{r}, t) = A \exp\left[i\left(\frac{\boldsymbol{p}}{\hbar} \cdot \boldsymbol{r} - \frac{E}{\hbar}t\right)\right] \tag{2.2}$$

これを自由粒子の**波動関数**ということにします.

さて, 運動量 p で運動する自由粒子の力学的エネルギーは, 運動エネルギー

$$E = \frac{\boldsymbol{p}^2}{2m} \tag{2.3}$$

で与えられます. この関係式は, 自由粒子を考える限り, 必ず成り立たなければなりません. したがって, 波動関数 (2.2) が自由粒子を表すならば, 自由粒子に対して成り立つエネルギーの式 (2.3) と何らかの形で結ばれる必要があります. では, どのようにして, この 2 つの式を結びつければよいでしょうか? 両者のつながりを追求することで, 波動関数が満たすべき基礎方程式, すなわちシュレーディンガー方程式を見出すことができます.

以下, 簡単のため, x 軸上で 1 次元の運動をする自由粒子を考えます. すると, 運動量を p として, この粒子を表す波動関数 (2.2) は

$$\Psi(x, t) = A \exp\left[i\left(\frac{p}{\hbar}x - \frac{E}{\hbar}t\right)\right] \tag{2.4}$$

となります.

ここで, 波動関数を時間について 1 階微分, 空間について 2 階微分してみましょう.

$$\frac{\partial \Psi(x, t)}{\partial t} = A\left(-i\frac{E}{\hbar}\right)\exp\left[i\left(\frac{p}{\hbar}x - \frac{E}{\hbar}t\right)\right] = -\frac{i}{\hbar}E\Psi(x, t) \tag{2.5}$$

$$\frac{\partial^2 \Psi(x, t)}{\partial x^2} = A\left(i\frac{p}{\hbar}\right)^2\exp\left[i\left(\frac{p}{\hbar}x - \frac{E}{\hbar}t\right)\right] = -\frac{p^2}{\hbar^2}\Psi(x, t) \tag{2.6}$$

このように表されることに注意すると, エネルギーの式 (2.3) の両辺に右から $\Psi(x, t)$ を掛けた

$$E\Psi(x, t) = \frac{p^2}{2m}\Psi(x, t) \tag{2.7}$$

は，

$$i\hbar\frac{\partial}{\partial t}\Psi(x,t) = -\frac{\hbar^2}{2m}\frac{\partial^2}{\partial x^2}\Psi(x,t) \tag{2.8}$$

という方程式に等しいことがわかります．したがって，自由粒子を表す波動関数 (2.4) が方程式 (2.8) を満たせば，自由粒子が満たすべきエネルギーの式 (2.3) も満たすことになります．つまり，この方程式 (2.8) がド・ブロイの物質波が満たすべき方程式で，これを**自由粒子に対する 1 次元のシュレーディンガー方程式**といいます．

　ここで (2.7) と (2.8) を比べてみましょう．そうすると自由粒子のエネルギーの式 (2.7) において，エネルギーと運動量をそれぞれ時間と位置に関する微分に置き換えて，

$$E \quad \rightarrow \quad i\hbar\frac{\partial}{\partial t} \tag{2.9}$$

$$p \quad \rightarrow \quad -i\hbar\frac{\partial}{\partial x} \quad \left(\frac{p^2}{2m} \quad \rightarrow \quad -\frac{\hbar^2}{2m}\frac{\partial^2}{\partial x^2}\right) \tag{2.10}$$

とし，これらを波動関数 $\Psi(x,t)$ に作用させれば，自由粒子に対する 1 次元のシュレーディンガー方程式 (2.8) が得られることがわかります．このように，古典力学でただの数として与えられていた物理量（ここでは，エネルギーや運動量）を**演算子**（時間微分や空間微分のこと）に置き換える操作を**量子化の手続き**といいます．すなわち，シュレーディンガー方程式は，古典力学で与えられるエネルギーの式に量子化の手続きをすることで得られます．

2.1.2 ポテンシャル中の粒子に対するシュレーディンガー方程式

　今度は，より一般的に，ポテンシャル $V(x,t)$ のもとで 1 次元の運動をしている粒子の波動関数が満たすべき方程式を見出してみましょう．この場合，粒子の力学的エネルギーは，運動エネルギーとポテンシャルの和である

$$E = \frac{p^2}{2m} + V(x,t) \tag{2.11}$$

となります．この関係式と波動関数 (2.4) を結びつけるためには，自由粒子のときと同様に，力学的エネルギーの中の運動エネルギーと運動量に対して

量子化の手続きを行い,

$$i\hbar\frac{\partial}{\partial t}\Psi(x,t) = \left[-\frac{\hbar^2}{2m}\frac{\partial^2}{\partial x^2} + V(x,t)\right]\Psi(x,t) \qquad (2.12)$$

とすればよいでしょう. これが, ポテンシャル $V(x,t)$ のもとで運動する粒子の **1 次元のシュレーディンガー方程式**です.

　次に, 3 次元への拡張を考えましょう. そのためには, 1 次元のシュレーディンガー方程式 (2.12) で, x を $\boldsymbol{r}$ に置き換え, y と z の偏微分を追加します. その結果,

$$i\hbar\frac{\partial}{\partial t}\Psi(\boldsymbol{r},t) = \left[-\frac{\hbar^2}{2m}\left(\frac{\partial^2}{\partial x^2} + \frac{\partial^2}{\partial y^2} + \frac{\partial^2}{\partial z^2}\right) + V(\boldsymbol{r},t)\right]\Psi(\boldsymbol{r},t)$$

$$(2.13)$$

となり, これが最も一般的な形の**シュレーディンガー方程式**となります.

2.1.3　ハミルトニアンとシュレーディンガー方程式

　ところで, シュレーディンガー方程式 (2.13) の右辺の [　] の中を $\hat{H}$ とおいた

$$\begin{aligned}\hat{H} &= -\frac{\hbar^2}{2m}\left(\frac{\partial^2}{\partial x^2} + \frac{\partial^2}{\partial y^2} + \frac{\partial^2}{\partial z^2}\right) + V(\boldsymbol{r},t) \\ &= -\frac{\hbar^2}{2m}\nabla^2 + V(\boldsymbol{r},t)\end{aligned} \qquad (2.14)$$

のことを, ポテンシャル $V(\boldsymbol{r},t)$ 中を運動する粒子の**ハミルトニアン**といいます. ただし,

$$\nabla^2 = \nabla\cdot\nabla = \frac{\partial^2}{\partial x^2} + \frac{\partial^2}{\partial y^2} + \frac{\partial^2}{\partial z^2} \qquad (2.15)$$

という記号を導入しました. ∇ は**ナブラ演算子**といい, 次のような偏微分記号を並べたベクトルとして定義されます[1].

---

　　1)　偏微分記号の足し算 (2.15) をコンパクトに表すために導入した単なる記号だと思えばよいです.

$$\nabla = \left(\frac{\partial}{\partial x}, \frac{\partial}{\partial y}, \frac{\partial}{\partial z} \right) \tag{2.16}$$

　また，(2.14) ではハミルトニアンを $\hat{H}$ と表し，H の上に ^ をつけています. これはハットと読み，H が数ではなく，演算子であることを示します. 他の記号に対しても，演算子であることを示すときにハットを用います.

　ハミルトニアン (2.14) はポテンシャル $V(\boldsymbol{r}, t)$ を含んでいることからわかるように，考える系がもつポテンシャルごとにその形が決まります. そして，ハミルトニアンを用いるとシュレーディンガー方程式 (2.13) は

$$i\hbar \frac{\partial}{\partial t} \Psi(\boldsymbol{r}, t) = \hat{H} \Psi(\boldsymbol{r}, t) \tag{2.17}$$

と書くことができます.

2.1.4　波動関数と重ね合わせの原理

　シュレーディンガー方程式の解である波動関数は，ポテンシャルの形にかかわらず，**重ね合わせ**という大切な性質をもっています. これを次の例題 2 - 1 で確認してみましょう.

[例題 2 - 1]　2 つの波動関数 $\Psi_1(\boldsymbol{r}, t)$ と $\Psi_2(\boldsymbol{r}, t)$ がシュレーディンガー方程式 (2.13) の解であるならば，それぞれに任意の複素数を掛けて足し合わせてつくられる波動関数 $\Psi(\boldsymbol{r}, t) = c_1 \Psi_1(\boldsymbol{r}, t) + c_2 \Psi_2(\boldsymbol{r}, t)$ （ただし，c_1 と c_2 は任意の複素数）も同じシュレーディンガー方程式の解であることを示しなさい.

　[解]　$\Psi_1(\boldsymbol{r}, t)$ と $\Psi_2(\boldsymbol{r}, t)$ はそれぞれシュレーディンガー方程式

$$i\hbar \frac{\partial}{\partial t} \Psi_1(\boldsymbol{r}, t) = \hat{H} \Psi_1(\boldsymbol{r}, t) \tag{2.18}$$

$$i\hbar \frac{\partial}{\partial t} \Psi_2(\boldsymbol{r}, t) = \hat{H} \Psi_2(\boldsymbol{r}, t) \tag{2.19}$$

を満たしています. このとき，$\Psi(\boldsymbol{r}, t)$ に $i\hbar \frac{\partial}{\partial t}$ を作用させると次のようになります.

$$\begin{aligned}
i\hbar\frac{\partial}{\partial t}\Psi(\boldsymbol{r},t) &= i\hbar\frac{\partial}{\partial t}\left[c_1\Psi_1(\boldsymbol{r},t)+c_2\Psi_2(\boldsymbol{r},t)\right]\\
&= c_1\underbrace{i\hbar\frac{\partial}{\partial t}\Psi_1(\boldsymbol{r},t)}_{\hat{H}\Psi_1\,(\because\,(2.18))}+c_2\underbrace{i\hbar\frac{\partial}{\partial t}\Psi_2(\boldsymbol{r},t)}_{\hat{H}\Psi_2\,(\because\,(2.19))}\\
&= c_1\hat{H}\Psi_1(\boldsymbol{r},t)+c_2\hat{H}\Psi_2(\boldsymbol{r},t)\\
&= \hat{H}\left[c_1\Psi_1(\boldsymbol{r},t)+c_2\Psi_2(\boldsymbol{r},t)\right]\\
&= \hat{H}\Psi(\boldsymbol{r},t)
\end{aligned}\tag{2.20}$$

以上より，$\Psi(\boldsymbol{r},t)$ もシュレーディンガー方程式を満たすこと，すなわち，シュレーディンガー方程式の解であることを示せました．　　　　　　　　　◆

　この例題からわかるように，シュレーディンガー方程式の解を定数倍して足し合わせたものも，また同じシュレーディンガー方程式の解になります．この性質を**重ね合わせの原理**といい，シュレーディンガー方程式の重要な性質となっています．重ね合わせの原理を用いると，2つの波動関数から両者の中間的な状態を表す新しい波動関数をつくることができます．

2.2　時間に依存しないシュレーディンガー方程式

2.2.1　時間に依存しないシュレーディンガー方程式の導出

　ポテンシャル $V(\boldsymbol{r},t)$ が時間に依存しない（時間によって変化しない）場合，すなわち $V(\boldsymbol{r},t)$ が $V(\boldsymbol{r})$ と表されるとき，シュレーディンガー方程式(2.13) を簡単な形にすることができます．

　唐突かもしれませんが，変数 $\boldsymbol{r}$ だけの関数 $\psi(\boldsymbol{r})$ と変数 t だけの関数 $\phi(t)$ を用いて，波動関数を

$$\Psi(\boldsymbol{r},t)=\psi(\boldsymbol{r})\phi(t)\tag{2.21}$$

と表してみます．このように，もともと多変数の関数であったものをいくつかの変数の関数の積で表すことを**変数分離**するといいます．変数分離型の関数を仮定するのは，シュレーディンガー方程式に限らず，偏微分方程式を解くときの常套手段です．

　(2.13) において $V(\boldsymbol{r},t)$ を $V(\boldsymbol{r})$ とし，(2.21) を代入すると

$$i\hbar\frac{d\phi(t)}{dt}\psi(\boldsymbol{r}) = \left[-\frac{\hbar^2}{2m}\nabla^2\psi(\boldsymbol{r}) + V(\boldsymbol{r})\psi(\boldsymbol{r})\right]\phi(t) \qquad (2.22)$$

となります．さらに，この両辺を $\psi(\boldsymbol{r})\phi(t)$ で割ると

$$i\hbar\frac{1}{\phi(t)}\frac{d\phi(t)}{dt} = \frac{1}{\psi(\boldsymbol{r})}\left[-\frac{\hbar^2}{2m}\nabla^2\psi(\boldsymbol{r}) + V(\boldsymbol{r})\psi(\boldsymbol{r})\right] \qquad (2.23)$$

が得られます．この式を見ると，左辺は t だけの関数，右辺は $\boldsymbol{r}$ だけの関数となっています．その両者が等しいということは，両辺が t にも $\boldsymbol{r}$ にも依存しない，ある定数に等しくなければなりません．そこで，その定数を仮に E とおくと，左辺と右辺がともに E に等しいことから

$$i\hbar\frac{d\phi(t)}{dt} = E\phi(t) \qquad (2.24)$$

$$\left[-\frac{\hbar^2}{2m}\nabla^2 + V(\boldsymbol{r})\right]\psi(\boldsymbol{r}) = E\psi(\boldsymbol{r}) \qquad (2.25)$$

となります．そして (2.24) とエネルギーの量子化の手続き (2.9) を比べると，ここで導入した定数 E が，実はエネルギーであることがわかります．

もともとシュレーディンガー方程式は t と $\boldsymbol{r}$ の偏微分方程式でしたが，変数分離型の解 (2.21) を仮定することで，t についての常微分方程式と $\boldsymbol{r}$ についての偏微分方程式に分離することができました．このうち t に関する常微分方程式 (2.24) は簡単に解くことができ

$$\phi(t) = Ce^{-iEt/\hbar} \qquad (\text{ただし，}C\text{は積分定数}) \qquad (2.26)$$

となります．一方，$\boldsymbol{r}$ に関する偏微分方程式 (2.25) を**時間に依存しないシュレーディンガー方程式**といい，具体的にポテンシャル $V(\boldsymbol{r})$ の形が与えられると解くことができます．

以上より，与えられたポテンシャルのもとで時間に依存しないシュレーディンガー方程式の解 $\psi(\boldsymbol{r})$ が求まれば，もともとのシュレーディンガー方程式 (2.13) の解は，(2.21) と (2.26) より

$$\Psi(\boldsymbol{r},t) = \psi(\boldsymbol{r})e^{-iEt/\hbar} \qquad (2.27)$$

となります．ただし，積分定数 C は $\psi(\boldsymbol{r})$ の中に取り込みました．

2.2.2　固有関数と固有値

　時間に依存しないシュレーディンガー方程式 (2.25) を，ハミルトニアン (2.14) を用いて表すと

$$\hat{H}\psi(\boldsymbol{r}) = E\psi(\boldsymbol{r}) \tag{2.28}$$

となります．この方程式は，関数 $\psi(\boldsymbol{r})$ に演算子 $\hat{H}$ を作用させると，関数 $\psi(\boldsymbol{r})$ の形は変わらずに演算子 $\hat{H}$ が数 E に変わることを表しています．このように，演算子を作用させた後でも関数の形が変わらない（もとの関数の定数倍になっている）とき，その関数を**固有関数**といいます．固有関数は，物理的には量子力学的な状態を表すので，**固有状態**ということもあります．また，演算子を関数に作用させた結果として現れた数を**固有値**といい，特にいまの場合，$\psi(\boldsymbol{r})$ は**エネルギー固有状態（エネルギー固有関数）**，E は**エネルギー固有値**といいます．

　次章以降では，いくつかの具体的なポテンシャル $V(\boldsymbol{r})$ に対して，時間に依存しないシュレーディンガー方程式 (2.25) の解き方を学び，その解であるエネルギー固有状態やエネルギー固有値の性質を調べていきます．

2.3　波動関数の物理的な意味

2.3.1　波動関数の確率解釈

　さて，外村実験により，電子などのミクロな粒子は粒子性と波動性をもつことがわかり，それを表す量として波動関数を導入しました．さらに，粒子の力学的エネルギーとアインシュタイン–ド・ブロイの関係式を拠り所に，波動関数が満たすべき方程式，すなわちシュレーディンガー方程式を見出すことができました．ところで，そもそもこの波動関数は，どのような物理的意味をもつのでしょうか？

　外村実験を理解するためには，粒子が波動性をもつ必要がありました．そして，単に波動性のみを表現するのであれば，波動関数を指数関数の $\Psi(\boldsymbol{r},t) = Ae^{i(\boldsymbol{k}\cdot\boldsymbol{r}-\omega t)}$ ではなく，三角関数を用いて $\Psi(\boldsymbol{r},t) = A\sin(\boldsymbol{k}\cdot\boldsymbol{r} - \omega t)$ や $\Psi(\boldsymbol{r},t) = A\cos(\boldsymbol{k}\cdot\boldsymbol{r} - \omega t)$ としても構いません．これらの違いは，波動関数 Ψ が複素数になるか実数になるかということだけで，いずれも波動性を

表す周期関数だからです．ところが，シュレーディンガー方程式の導出過程を振り返るとわかるように，アインシュタイン–ド・ブロイの関係式 (1.4) とエネルギーの式 (2.3) や (2.11) を満足する物質波の波動関数は，複素数でなければならないのです（sin や cos では，シュレーディンガー方程式は成り立ちません（章末問題 2‒1））．つまり，**粒子を表す波動関数は複素数で記述される**，ということになります．

　一方，我々は，複素数そのものを直接"観測"することはできません．観測量は実数でなければならないからです．それでは，粒子が複素数の波動関数で表される，とは一体どういうことなのでしょうか？

　ここで次の事実に注意しましょう．それは，波動関数 $\Psi(\boldsymbol{r},t)$ は複素数ですが，その絶対値の 2 乗 $|\Psi(\boldsymbol{r},t)|^2$ は必ず実数になる，ということです．したがって，波動関数そのものではなく，波動関数の絶対値の 2 乗であれば観測と結びつけることができそうです．

　シュレーディンガー方程式を発見したシュレーディンガー自身は，粒子の密度が波動関数の絶対値の 2 乗で与えられると考えました．すなわち，空間中に波動関数の絶対値の 2 乗が実在していると考えたのです．これを波動関数の**実在波解釈**といいます．

　しかし，この考え方では，実験事実に反することがわかります．実際，空間的に広がった波動関数の絶対値の 2 乗が，粒子の断片として観測されたことはありません．粒子はかけらではなく，常に 1 つずつ観測されるからです．したがって，シュレーディンガーによる波動関数の実在波解釈では観測事実を説明できません．

　そうした中，ボルンは波動関数の絶対値の 2 乗に対して，確率解釈とよばれる新しい解釈を与えました．それは，図 2.1 のように**ある時刻 t において，位置 $\boldsymbol{r}$ を含む微小体積 $dV = dx\,dy\,dz$ 内に粒子を見出す確率は，$|\Psi(\boldsymbol{r},t)|^2\,dV\,(=\Psi^*(\boldsymbol{r},t)\Psi(\boldsymbol{r},t)\,dV)$ に比例する**というもので，これを**ボルンの確率解釈**といいます．この確率解釈で

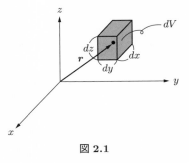

図 2.1

は，$\Psi(\boldsymbol{r}, t)$ を全空間で積分したとき

$$\int |\Psi(\boldsymbol{r}, t)|^2 \, dV = 1 \tag{2.29}$$

となっていれば，$|\Psi(\boldsymbol{r}, t)|^2 \, dV$ は dV 内に電子を見出す確率そのものを表すことになります．

　波動関数を全空間で積分したときに 1 ではない定数になるときは，波動関数に適当な定数を掛けて，積分した値が 1 になるように調整します．このように，波動関数に適当な数を掛けることで $|\Psi(\boldsymbol{r}, t)|^2 \, dV$ が確率を表すようにすることを**波動関数の規**

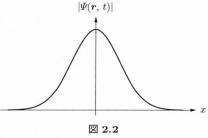

図 2.2

格化といいます．ただし，波動関数を規格化するには，(2.29) の左辺の積分が有限である必要があります．そのためには，図 2.2 のように波動関数が十分遠方では速やかにゼロになる，つまり，

$$|\boldsymbol{r}| \to \infty \quad \text{で} \quad |\Psi(\boldsymbol{r}, t)| \to 0 \tag{2.30}$$

という条件を満たさなければなりません．なぜなら，波動関数が十分遠方でゼロにならないと，積分した結果が発散してしまい，規格化することができなくなるからです．

　なお，波動関数を規格化するために適当な数（これを規格化定数といいます）を掛けますが，逆にいえば，**波動関数は規格化するので，定数だけ違っても同じ状態を表す**ことになります．

2.3.2　外村実験

　波動関数とその確率解釈を用いて，外村実験の結果を説明してみましょう．図 2.3 のように，運動量 p の電子がスリット 1, 2 のいずれかを通り，スクリーンで検出されるとします．スクリーン上の位置 x に到達した電子の波動関数（時間に依存しないシュレーディンガー方程式の固有状態）を，スリット 1 を通った場合と，スリット 2 を通った場合で，それぞれ $\Psi_1(x, t)$，

$\Psi_2(x,t)$ として (2.4) を用いれば,

$$\Psi_1(x,t) = A_1 \exp\left[i\left(\frac{p}{\hbar}r_1 - \frac{E}{\hbar}t\right)\right]$$
(2.31)

$$\Psi_2(x,t) = A_2 \exp\left[i\left(\frac{p}{\hbar}r_2 - \frac{E}{\hbar}t\right)\right]$$
(2.32)

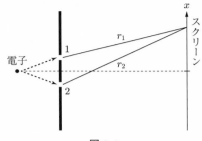

図 2.3

と与えられます. ここで, r_1 と r_2 は
それぞれスリット 1, 2 からスクリーン
上の位置 x までの距離を表し, また, A_1 と A_2 は実数とします. すると, x での
電子の波動関数 $\Psi(x,t)$ は, Ψ_1 と Ψ_2 の重ね合わせ

$$\Psi(x,t) = \Psi_1(x,t) + \Psi_2(x,t)$$
(2.33)

で与えられます.

　前項で述べたように, 電子が観測される確率は $|\Psi(x,t)|^2$ に比例するの
で, これを計算してみましょう.

$$
\begin{aligned}
|\Psi(x,t)|^2 &= |\Psi_1(x,t) + \Psi_2(x,t)|^2 \\
&= |\Psi_1(x,t)|^2 + |\Psi_2(x,t)|^2 + \Psi_1^*(x,t)\Psi_2(x,t) + \Psi_1(x,t)\Psi_2^*(x,t) \\
&= A_1^2 + A_2^2 + A_1 A_2 \underbrace{\left\{\exp\left[-i\frac{p}{\hbar}(r_1 - r_2)\right] + \exp\left[i\frac{p}{\hbar}(r_1 - r_2)\right]\right\}}_{\text{オイラーの公式 } e^{\pm i\theta} = \cos\theta \pm i\sin\theta \text{ を使う}} \\
&= A_1^2 + A_2^2 + A_1 A_2 \left\{\cos\left[\frac{p(r_1 - r_2)}{\hbar}\right] - i\sin\left[\frac{p(r_1 - r_2)}{\hbar}\right]\right. \\
&\qquad\qquad\qquad \left. + \cos\left[\frac{p(r_1 - r_2)}{\hbar}\right] + i\sin\left[\frac{p(r_1 - r_2)}{\hbar}\right]\right\} \\
&= A_1^2 + A_2^2 + 2A_1 A_2 \cos\left[\frac{p(r_1 - r_2)}{\hbar}\right]
\end{aligned}
$$
(2.34)

ここで, 最後の行の第 3 項の cos は波動性による干渉項を表しています. し
たがって, 複数個の電子をスリットに入射してスクリーン上で観測すると,
干渉縞を観測することになります.

　このように, 波動関数とその確率解釈に基づくと, 外村実験で示された,

電子の粒子と波動の二重性を説明することができるのです.

2.4　確率流と確率の保存

　波動関数を規格化して確率解釈するということは,粒子は消えたり増えたりすることはなく,必ず空間のどこかに見出されることを前提にしています. これは, $|\Psi(\boldsymbol{r},t)|^2\,dV$ の全空間での総和(積分) $\int|\Psi(\boldsymbol{r},t)|^2\,dV$ は時間に依存しない(つまり定数)ということで,

$$\frac{d}{dt}\int|\Psi(\boldsymbol{r},t)|^2\,dV = 0 \tag{2.35}$$

が成り立たなければならないことを意味します. そこで,シュレーディンガー方程式を満たす波動関数が,実際に (2.35) を満足するか確認してみましょう.

　ここでは,簡単のため 1 次元を考えます. いま, 1 次元のシュレーディンガー方程式

$$i\hbar\frac{\partial}{\partial t}\Psi(x,t) = \left[-\frac{\hbar^2}{2m}\frac{\partial^2}{\partial x^2} + V(x,t)\right]\Psi(x,t) \tag{2.36}$$

とその両辺の複素共役をとった方程式

$$-i\hbar\frac{\partial}{\partial t}\Psi^*(x,t) = \left[-\frac{\hbar^2}{2m}\frac{\partial^2}{\partial x^2} + V^*(x,t)\right]\Psi^*(x,t) \tag{2.37}$$

にそれぞれ $\Psi^*(x,t)$ と $\Psi(x,t)$ を掛けて辺々引き算すると

$$i\hbar\frac{\partial|\Psi(x,t)|^2}{\partial t} = -\frac{\hbar^2}{2m}\frac{\partial}{\partial x}\left[\Psi^*(x,t)\frac{\partial\Psi(x,t)}{\partial x} - \frac{\partial\Psi^*(x,t)}{\partial x}\Psi(x,t)\right]$$
$$+ \left[V(x,t) - V^*(x,t)\right]|\Psi(x,t)|^2 \tag{2.38}$$

となります. ここで,ポテンシャルが実関数であると仮定すると, $V(x,t) = V^*(x,t)$ となり右辺第 2 項はゼロとなります. したがって,

$$\frac{\partial|\Psi(x,t)|^2}{\partial t} = -\frac{\hbar}{2im}\frac{\partial}{\partial x}\left[\Psi^*(x,t)\frac{\partial\Psi(x,t)}{\partial x} - \frac{\partial\Psi^*(x,t)}{\partial x}\Psi(x,t)\right] \tag{2.39}$$

を得ます. 最後にこの式の両辺を $-\infty < x < \infty$ の範囲で積分する必要がありますが,左辺については時間微分と積分を入れ替えられます. また,積分

の結果，x 依存性はなくなるため $\partial/\partial t$ は d/dt としてよく，

$$\frac{d}{dt}\int_{-\infty}^{\infty}|\Psi(x,t)|^2\,dx = -\frac{\hbar}{2im}\left[\Psi^*(x,t)\frac{\partial\Psi(x,t)}{\partial x}-\frac{\partial\Psi^*(x,t)}{\partial x}\Psi(x,t)\right]_{-\infty}^{\infty}$$

$$\overset{(2.30)}{=}0 \tag{2.40}$$

となります．

　このようにして，関係式 (2.35) が成り立つことが示されました．もしポテンシャルが複素数だと (2.38) の右辺第 2 項がゼロにならないので，(2.35) は成り立ちません．そのため，この場合，空間のどこかで粒子が生成したり，消滅したりすることになります（章末問題 2 – 3）．

　ところで，

$$\rho(x,t) \equiv |\Psi(x,t)|^2 \tag{2.41}$$

$$j(x,t) \equiv \frac{\hbar}{2im}\left[\Psi^*(x,t)\frac{\partial\Psi(x,t)}{\partial x}-\frac{\partial\Psi^*(x,t)}{\partial x}\Psi(x,t)\right] \tag{2.42}$$

を，それぞれ**確率密度**，**確率流密度**とよび，このとき (2.39) は

$$\frac{\partial\rho(x,t)}{\partial t}+\frac{\partial j(x,t)}{\partial x}=0 \tag{2.43}$$

と表せます．この方程式は，**連続の方程式**といわれるもので，ある時刻 t における位置 x での確率密度 $\rho(x,t)$ の変化量は，位置 x に流入した量と流出した量の差に等しい，ということを意味します（図 2.4）．このことからも，波動関数で表される粒子は生成も消滅もしないということがわかります．

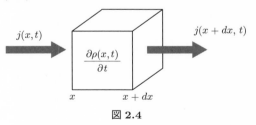

図 2.4

[例題 2 – 2] 質量 m の自由粒子が従う波動関数 (2.2) の $\Psi(x,t)=A\exp[i(px-Et)/\hbar]$ を用いて，確率流密度と確率密度の関係を求めなさい．

[解]　確率密度は，(2.41) より

$$\rho(x,t) = |\Psi(x,t)|^2 = |A|^2 \tag{2.44}$$

となります．一方，確率流密度は (2.42) より

$$
\begin{aligned}
j(x,t) &= \frac{\hbar}{2im}\left[\Psi^*(x,t)\frac{\partial \Psi(x,t)}{\partial x} - \frac{\partial \Psi^*(x,t)}{\partial x}\Psi(x,t)\right] \\
&= \frac{p}{m}|A|^2 \\
&= v|A|^2 \tag{2.45}
\end{aligned}
$$

となります（p は粒子の運動量，v は粒子の速さ）．したがって，確率流密度と確率密度の間には

$$j(x,t) = v\rho(x,t) \tag{2.46}$$

の関係があることがわかります．　　　　　　　　　　　　　　　　　　　✦

章 末 問 題

2-1　波動関数を $\Psi(x,t) = A\sin(kx-\omega t)$ や $\Psi(x,t) = A\cos(kx-\omega t)$ とすると，これらはシュレーディンガー方程式 (2.12) を満たさないことを確認しなさい．

2-2　波動関数

$$\psi(x) = \left(\frac{1}{\pi\sigma^2}\right)^{1/4}\exp\left(-\frac{x^2}{2\sigma^2} + ik_0 x\right) \tag{2.47}$$

は $-\infty < x < \infty$ の領域で規格化されていることを確かめなさい．ここで，σ と k_0 は定数です．

2-3　ポテンシャルが実数ではなく，複素数 $V(x,t) = V_0(x) - i\Gamma$ の場合（V_0 は実関数，Γ は正の定数とします），連続の方程式 (2.43) はどのようになるか求めなさい．

量子力学とその応用

　量子力学を学び始めた途端，粒子と波動の二重性，波動関数，確率解釈など，よくわからない概念が出てきたので，難しいと感じている方もいるかもしれません．天才物理学者のファインマンですら「量子力学を本当に理解している人は一人もいない」といっているくらいなので，皆さんが難しいと思うのも仕方のないことです．

　我々は，量子力学で表現される現象を目で見てきたかのように直観的に理解することはできないかもしれませんが，量子力学を使いこなし，様々な技術に応用することはできます．そこで，本書で学ぶ量子力学の内容と関連の深い応用技術について，前半部の各章のコラムで簡単に紹介していきます（後半のコラムは，統計力学の工学への応用に関連する内容になっています）．

　量子力学が，どこでどのように使われ，どれだけ便利なのか，ということを何となくでも知っておくと，勉強するためのモチベーションになると思います．

- 量子コンピュータ（第 3 章）
- 井戸型ポテンシャルと低次元物質（第 4 章）
- 電磁場の量子化と光子（第 5 章）
- 走査型トンネル顕微鏡（STM）（第 6 章）

3 物理量の期待値と測定値

ボルンの確率解釈によれば，波動関数の絶対値の 2 乗は粒子を見出す確率を表しています．そのため，同じ状態の粒子の位置を多数回測定したときに得られる測定値の平均値（= 期待値）を，波動関数を用いて表すことができます．この結果を用いると，運動量の期待値も波動関数を使って表現できることがわかります．さらに，粒子の位置や運動量だけでなく，様々な物理量の期待値も波動関数を用いて表せます．

波動関数そのものは複素数であるため直接観測される量ではありませんが，波動関数を道具として用いて期待値を計算することにより，実験で得られる測定値と比較することができます．また，波束とよばれる特殊な状態を表す波動関数を用いて位置や運動量の期待値を計算すると，量子力学と古典力学（特にニュートンの運動方程式）との関連性が見えてきます．

このように，量子力学では波動関数を求めるだけでなく，それを用いて物理量の期待値を計算することが重要になります．そこで，この章では，波動関数を用いて期待値を表現する方法とその計算の仕方について学びます．

3.1 様々な物理量の期待値

3.1.1 期待値とは？

期待値は，確率的な現象における平均的な結果を表し，それぞれの結果が生じる確率とその結果に対応する値の積の合計で計算されます．

具体的にサイコロを用いて，期待値の復習をしてみましょう．サイコロの出る目は $n = 1, 2, 3, 4, 5, 6$ で，それぞれの目が確率 P_n で出るとします（実際は，どの目も同じ確率 $1/6$ で出るので $P_1 = \cdots = P_6 = 1/6$）．そして，サイコロを N 回振ったとき，出る目の平均は

$$\frac{\text{出る目の総和}}{\text{サイコロを振った回数}} = \frac{1 \cdot N_1 + 2 \cdot N_2 + \cdots + 6 \cdot N_6}{N}$$

$$= 1 \cdot \frac{N_1}{N} + 2 \cdot \frac{N_2}{N} + \cdots + 6 \frac{N_6}{N}$$

$$= 1 \cdot P_1 + 2 \cdot P_2 + \cdots + 6 \cdot P_6$$

$$= \sum_{n=1}^{6} nP_n \ \ (= 3.5) \tag{3.1}$$

で求まります（N_i は各目の出る回数，N はサイコロを振った回数）．このように，出る目（**確率変数**といいます）にその目が出る確率を掛けて得られる平均値が**期待値**です．

　量子力学では，測定したい物理量がサイコロの出る目，すなわち確率変数に対応し，その物理量が得られる確率は波動関数から求まります．以下では，具体的な物理量として位置や運動量を例にとり，期待値の計算方法について考えてみましょう．

3.1.2 位置の期待値

　さきほどのサイコロの例と同様に考えると，粒子の位置 x を多数回測定したときの位置 x の期待値は

$$\langle x \rangle = \sum_x (x \,\text{の値}) \times (\text{粒子が}\,x\,\text{に見出される確率}) \tag{3.2}$$

となります．ここで，$\langle \ \ \rangle$ は，カッコで挟んだ量に対する期待値であることを表す記号です．

　この定義式 (3.2) を波動関数を用いて表現しましょう．なお，この章では，1 次元の場合について考えることにします．このとき，ボルンの確率解釈によると，波動関数 $\Psi(x,t)$ で表される粒子が位置 x のまわりの微小区間 dx に見出される確率は，$|\Psi(x,t)|^2 \, dx$ で与えられました．したがって，位置 x の期待値は (3.2) より

$$\langle x \rangle = \int_{-\infty}^{\infty} x |\Psi(x,t)|^2 \, dx \tag{3.3}$$

と表せます．(3.2) では和の記号を用いましたが，x は連続量なので積分に

なっていることに注意してください.

　波動関数が規格化されていないときは，規格化定数を掛ける必要があるので，(2.29) より位置 x の期待値は

$$\langle x \rangle = \frac{\displaystyle\int_{-\infty}^{\infty} x|\Psi(x,t)|^2 \, dx}{\displaystyle\int_{-\infty}^{\infty} |\Psi(x,t)|^2 \, dx} \tag{3.4}$$

となります. 以下では，波動関数は規格化されているとします.

3.1.3　運動量の期待値

　運動量の期待値も位置の期待値と同様に，波動関数で表現することができます. 古典力学では，位置 x と運動量 p は $p = mv = m\dfrac{dx}{dt}$ という関係で結ばれていたので，$\langle x \rangle$ の時間微分を計算すると，(3.3) と $|\Psi(x,t)|^2 = \Psi^*(x,t)\Psi(x,t)$ より

$$\frac{d\langle x \rangle}{dt} = \int_{-\infty}^{\infty} \left[x\frac{\partial \Psi^*(x,t)}{\partial t}\Psi(x,t) + x\Psi^*(x,t)\frac{\partial \Psi(x,t)}{\partial t} \right] dx \tag{3.5}$$

となります.

　ここで，シュレーディンガー方程式とその複素共役の方程式

$$i\hbar\frac{\partial \Psi(x,t)}{\partial t} = \left[-\frac{\hbar^2}{2m}\frac{\partial^2}{\partial x^2} + V(x,t) \right]\Psi(x,t) \tag{3.6}$$

$$-i\hbar\frac{\partial \Psi^*(x,t)}{\partial t} = \left[-\frac{\hbar^2}{2m}\frac{\partial^2}{\partial x^2} + V(x,t) \right]\Psi^*(x,t) \tag{3.7}$$

を用いると

$$\frac{\partial \Psi(x,t)}{\partial t} = \frac{1}{i\hbar}\left[-\frac{\hbar^2}{2m}\frac{\partial^2}{\partial x^2} + V(x,t) \right]\Psi(x,t) \tag{3.8}$$

$$\frac{\partial \Psi^*(x,t)}{\partial t} = -\frac{1}{i\hbar}\left[-\frac{\hbar^2}{2m}\frac{\partial^2}{\partial x^2} + V(x,t) \right]\Psi^*(x,t) \tag{3.9}$$

となるので，これらを用いて (3.5) の $\dfrac{\partial \Psi(x,t)}{\partial t}$ と $\dfrac{\partial \Psi^*(x,t)}{\partial t}$ を書き換えると

$$\frac{d\langle x \rangle}{dt} = \int_{-\infty}^{\infty} \left\{ x \left[-\frac{1}{i\hbar} \left(-\frac{\hbar^2}{2m}\frac{\partial^2}{\partial x^2} + V(x,t) \right) \right] \Psi^*(x,t)\Psi(x,t) \right.$$

$$\left. + x\,\Psi^*(x,t)\frac{1}{i\hbar} \left(-\frac{\hbar^2}{2m}\frac{\partial^2}{\partial x^2} + V(x,t) \right) \Psi(x,t) \right\} dx$$

$$= \int_{-\infty}^{\infty} \left[-\frac{1}{i\hbar} x \left(-\frac{\hbar^2}{2m}\frac{\partial^2}{\partial x^2} \right) \Psi^*(x,t)\Psi(x,t) - \frac{1}{i\hbar} xV(x,t)\Psi^*(x,t)\Psi(x,t) \right.$$

$$\left. + \frac{1}{i\hbar} x\,\Psi^*(x,t) \left(-\frac{\hbar^2}{2m}\frac{\partial^2}{\partial x^2} \right) \Psi(x,t) + \frac{1}{i\hbar} xV(x,t)\Psi^*(x,t)\Psi(x,t) \right] dx$$

$$= \frac{i\hbar}{2m} \int_{-\infty}^{\infty} \left[x\,\Psi^*(x,t)\frac{\partial^2\Psi(x,t)}{\partial x^2} - x\frac{\partial^2\Psi^*(x,t)}{\partial x^2}\Psi(x,t) \right] dx \qquad (3.10)$$

となります.

さらに, (3.10) の最終行の第 2 項は, 部分積分を 2 回行うと

$$((3.10)\text{ の右辺第 2 項}) = \frac{i\hbar}{2m} \underbrace{\int_{-\infty}^{\infty} \left[-x\frac{\partial^2\Psi^*(x,t)}{\partial x^2}\Psi(x,t) \right] dx}_{\text{部分積分する}}$$

$$= -\frac{i\hbar}{2m} \left\{ \underbrace{\left[\frac{\partial\Psi^*(x,t)}{\partial x} x\,\Psi(x,t) \right]_{-\infty}^{\infty}}_{0\ (\because (2.30))} \right.$$

$$\left. - \underbrace{\int_{-\infty}^{\infty} \frac{\partial\Psi^*(x,t)}{\partial x}\frac{\partial(x\,\Psi(x,t))}{\partial x}\,dx}_{\text{部分積分する}} \right\}$$

$$= -\frac{i\hbar}{2m} \left\{ -\underbrace{\left[\Psi^*(x,t)\frac{\partial(x\,\Psi(x,t))}{\partial x} \right]_{-\infty}^{\infty}}_{0\ (\because (2.30))} \right.$$

$$\left. + \int_{-\infty}^{\infty} \Psi^*(x,t)\frac{\partial^2(x\,\Psi(x,t))}{\partial x^2}\,dx \right\}$$

$$= -\frac{i\hbar}{2m} \int_{-\infty}^{\infty} \Psi^*(x,t)\frac{\partial^2(x\,\Psi(x,t))}{\partial x^2}\,dx \qquad (3.11)$$

となります. ここで, 2 行目と 4 行目の項は, 無限遠方で波動関数がゼロになることを用いています ((2.30) の説明を参照).

したがって,

$$(3.10) = \frac{i\hbar}{2m} \int_{-\infty}^{\infty} \left[x\Psi^*(x,t) \frac{\partial^2 \Psi(x,t)}{\partial x^2} - \Psi^*(x,t) \frac{\partial^2 (x\Psi(x,t))}{\partial x^2} \right] dx$$

$$= \frac{i\hbar}{2m} \int_{-\infty}^{\infty} \left[x\Psi^*(x,t) \frac{\partial^2 \Psi(x,t)}{\partial x^2} - \Psi^*(x,t) \frac{\partial \Psi(x,t)}{\partial x} \right. $$
$$\left. - x\Psi^*(x,t) \frac{\partial^2 \Psi(x,t)}{\partial x^2} \right] dx$$

$$= \frac{1}{m} \int_{-\infty}^{\infty} \Psi^*(x,t) \left(-i\hbar \frac{\partial}{\partial x} \right) \Psi(x,t) \, dx \tag{3.12}$$

となります.

以上より,

$$m \frac{d\langle x \rangle}{dt} = \int_{-\infty}^{\infty} \Psi^*(x,t) \left(-i\hbar \frac{\partial}{\partial x} \right) \Psi(x,t) \, dx \tag{3.13}$$

となるので, $m\dfrac{dx}{dt} = p$ との比較から, 右辺が運動量の期待値を表していると考えることができます.

さらに, 運動量の量子化の手続き $p \to \hat{p} = -i\hbar \dfrac{\partial}{\partial x}$ を思い出すと, (3.13) は

$$\langle p \rangle = \int_{-\infty}^{\infty} \Psi^*(x,t) \hat{p} \Psi(x,t) \, dx \tag{3.14}$$

と書けることがわかります. ここで, 運動量が演算子であることを表すために, $\hat{p}$ としてハットをつけています. (3.14) を見ると, **運動量演算子** $\hat{p}$ を波動関数の複素共役 Ψ^* と波動関数 Ψ で挟み, それらを x で積分したものが運動量の期待値である, ということがわかります.

3.1.4 座標演算子

演算子を用いた運動量の期待値の表式 (3.14) を見ると, 位置の期待値 (3.3) について少し違った見方をすることができます.

ここで, 座標についての任意の関数 $f(x)$ に対して,

$$\hat{x}f(x) = xf(x) \tag{3.15}$$

の関係を満たすように**座標演算子** $\hat{x}$ を導入します. 演算子といっても, 運動量演算子のように微分を含むわけではなく, 単に x を関数に掛けるだけ

です．そして，(3.14) の右辺のようにして，この座標演算子を波動関数の複素共役と波動関数で挟んで x について積分すると

$$\int_{-\infty}^{\infty} \Psi^*(x,t)\,\hat{x}\,\Psi(x,t)\,dx = \int_{-\infty}^{\infty} \Psi^*(x,t)\underbrace{\left[\hat{x}\,\Psi(x,t)\right]}_{x\Psi\ (\because\ (3.15))}dx$$

$$= \int_{-\infty}^{\infty} \Psi^*(x,t)\left[x\,\Psi(x,t)\right]dx$$

$$= \int_{-\infty}^{\infty} x|\Psi(x,t)|^2\,dx \tag{3.16}$$

となり，(3.3) の右辺とうまく一致することがわかります．

　このように，量子力学では，運動量だけでなく位置座標も，量子化の手続きにより (3.15) の関係を満たすような演算子として表すことができると考えます．

3.1.5　任意の物理量の期待値

　それでは，任意の物理量 A の期待値はどのように表されるでしょうか？

　古典力学では，任意の物理量 A は位置と運動量の関数 $A(x,p)$ で与えられました．例えば，バネ定数 k のバネにつながれた粒子の力学的エネルギーは $\dfrac{p^2}{2m} + \dfrac{1}{2}kx^2$ となります．一方 量子力学では，位置 x と運動量 p を量子化の手続きにより演算子に置き換えるので，物理量 $A(x,p)$ を表す x と p も演算子 $\hat{x} = x$ と $\hat{p} = -i\hbar\dfrac{\partial}{\partial x}$ に置き換わります．その結果，任意の物理量 $A(x,p)$ は次のように演算子として表されます．

$$A(x,p) \quad \rightarrow \quad \hat{A}(\hat{x},\hat{p}) = \hat{A}\left(x, -i\hbar\frac{\partial}{\partial x}\right) \tag{3.17}$$

そして，(3.16) や (3.14) のように，座標演算子や運動量演算子の期待値を計算するには，演算子を波動関数の複素共役と波動関数で挟んで積分すればよかったので，任意の物理量 A の期待値も同様に

$$\langle A \rangle = \int_{-\infty}^{\infty} \Psi^*(x,t)\,\hat{A}\left(x, -i\hbar\frac{\partial}{\partial x}\right)\Psi(x,t)\,dx \tag{3.18}$$

として表すことができると考えます．

　このように，シュレーディンガー方程式を解いて得られる波動関数は，それ自身は複素数のため測定することはできませんが，得られた波動関数を用いて物理量の期待値を計算することで，測定値と比較することができるようになるのです.

[例題 3 - 1]　波動関数が $\Psi(x,t)$ のとき，運動エネルギーの期待値を求めなさい.

　[解]　運動エネルギー K を演算子で表すと

$$\hat{K} = \frac{\hat{p}^2}{2m} \tag{3.19}$$

です. ここで，量子化の手続きにより得られる運動量演算子 $\hat{p} = -i\hbar\dfrac{\partial}{\partial x}$ を代入すれば

$$\hat{K} = -\frac{\hbar^2}{2m}\frac{\partial^2}{\partial x^2} \tag{3.20}$$

となるので，その期待値は

$$\langle K \rangle = \int_{-\infty}^{\infty} \Psi^*(x,t)\left(-\frac{\hbar^2}{2m}\frac{\partial^2}{\partial x^2}\right)\Psi(x,t)\,dx \tag{3.21}$$

となります.　　　　　　　　　　　　　　　　　　　　　　　　　　　　　◆

3.2　エーレンフェストの定理と古典力学との対応

3.2.1　エーレンフェストの定理

　ここまでマクロな世界で成り立つ古典力学は，ミクロな世界では量子力学に置き換わるということを学んできました. しかし，当然ですが，この両者に全くつながりがないというわけではありません. 以下のようにして，古典的な粒子を表す特殊な状態の波動関数を用いて位置と運動量の期待値を調べることで，量子力学（シュレーディンガー方程式）は，古典力学（ニュートンの運動方程式）を内包しているということを示すことができます.

　ここでは，x 軸上をポテンシャル $V(x)$ のもとで運動する質量 m の粒子のニュートンの運動方程式

$$m\frac{d^2x}{dt^2} = F(x)\left(= -\frac{dV(x)}{dx}\right) \tag{3.22}$$

をシュレーディンガー方程式から導くことを考えてみましょう.

まず，(3.13) と (3.14) より，位置の期待値 $\langle x \rangle$ と運動量の期待値 $\langle p \rangle$ の間には

$$m\frac{d}{dt}\langle x \rangle = \langle p \rangle \tag{3.23}$$

の関係が成り立つことがわかります.

次に，ニュートンの運動方程式 (3.22) に対応する関係式を導くために，運動量の期待値 (3.14) に (2.10) の置き換えをした上で時間微分を計算します.

$$\begin{aligned}
\frac{d}{dt}\langle p \rangle &= -i\hbar \int_{-\infty}^{\infty} \left[\frac{\partial \Psi^*(x,t)}{\partial t}\frac{\partial \Psi(x,t)}{\partial x} + \Psi^*(x,t)\frac{\partial}{\partial x}\left(\frac{\partial \Psi(x,t)}{\partial t}\right) \right] dx \\
&= \int_{-\infty}^{\infty} \left[\left(-i\hbar\frac{\partial \Psi^*(x,t)}{\partial t}\right)\frac{\partial \Psi(x,t)}{\partial x} - \Psi^*(x,t)\frac{\partial}{\partial x}\left(i\hbar\frac{\partial \Psi(x,t)}{\partial t}\right) \right] dx
\end{aligned} \tag{3.24}$$

ここで，右辺にシュレーディンガー方程式 (3.6) とその複素共役である (3.7) を代入すると（ただし，$V(x,t) \to V(x)$ とします），

$$\begin{aligned}
\frac{d}{dt}\langle p \rangle &= -\frac{\hbar^2}{2m} \int_{-\infty}^{\infty} \left[\frac{\partial^2 \Psi^*(x,t)}{\partial x^2}\frac{\partial \Psi(x,t)}{\partial x} - \Psi^*(x,t)\frac{\partial}{\partial x}\left(\frac{\partial^2 \Psi(x,t)}{\partial x^2}\right) \right] dx \\
&\quad + \int_{-\infty}^{\infty} \left[V(x)\Psi^*(x,t)\frac{\partial \Psi(x,t)}{\partial x} - \Psi^*(x,t)\frac{\partial}{\partial x}(V(x)\Psi(x,t)) \right] dx
\end{aligned} \tag{3.25}$$

となり，次の例題 3 – 2 にあるように，波動関数は無限遠方でゼロになることから，この右辺第 1 項はゼロになります.

［例題 3 – 2］　(3.25) の右辺第 1 項がゼロになることを示しなさい.

　［解］　部分積分を繰り返し使います.

$$\underbrace{\int_{-\infty}^{\infty} \left[\frac{\partial^2 \Psi^*(x,t)}{\partial x^2} \frac{\partial \Psi(x,t)}{\partial x} - \Psi^*(x,t) \frac{\partial}{\partial x} \left(\frac{\partial^2 \Psi(x,t)}{\partial x^2} \right) \right] dx}_{\text{部分積分する}}$$

$$= \underbrace{\left[\frac{\partial \Psi^*(x,t)}{\partial x} \frac{\partial \Psi(x,t)}{\partial x} \right]_{-\infty}^{\infty}}_{0 \ (\because (2.30))} - \underbrace{\int_{-\infty}^{\infty} \frac{\partial \Psi^*(x,t)}{\partial x} \frac{\partial^2 \Psi(x,t)}{\partial x^2} \, dx}_{\text{部分積分する}}$$

$$\qquad\qquad\qquad - \int_{-\infty}^{\infty} \Psi^*(x,t) \frac{\partial}{\partial x} \left(\frac{\partial^2 \Psi(x,t)}{\partial x^2} \right) dx$$

$$= - \underbrace{\left[\Psi^*(x,t) \frac{\partial^2 \Psi(x,t)}{\partial x^2} \right]_{-\infty}^{\infty}}_{0 \ (\because (2.30))} + \int_{-\infty}^{\infty} \Psi^*(x,t) \frac{\partial}{\partial x} \left(\frac{\partial^2 \Psi(x,t)}{\partial x^2} \right) dx$$

$$\qquad\qquad\qquad - \int_{-\infty}^{\infty} \Psi^*(x,t) \frac{\partial}{\partial x} \left(\frac{\partial^2 \Psi(x,t)}{\partial x^2} \right) dx$$

$$= 0 \tag{3.26}$$

以上より，(3.25) の右辺第 1 項がゼロになることがわかります. ✦

したがって，V は時間に依存しないとすると，運動量の期待値の時間微分は

$$\frac{d}{dt}\langle p \rangle = \int_{-\infty}^{\infty} \left[V(x)\Psi^*(x,t) \frac{\partial \Psi(x,t)}{\partial t} - \Psi^*(x,t) \frac{\partial}{\partial x} (V(x)\Psi(x,t)) \right] dx$$

$$= \int_{-\infty}^{\infty} \left[V(x)\Psi^*(x,t) \frac{\partial \Psi(x,t)}{\partial x} - \Psi^*(x,t) \frac{dV(x)}{dx} \Psi(x,t) \right.$$
$$\left. - \Psi^*(x,t) V(x) \frac{\partial \Psi(x,t)}{\partial x} \right] dx$$

$$= - \int_{-\infty}^{\infty} \left[\Psi^*(x,t) \frac{dV(x)}{dx} \Psi(x,t) \right] dx \tag{3.27}$$

となるので，

$$\frac{d}{dt}\langle p \rangle = - \left\langle \frac{dV(x)}{dx} \right\rangle \tag{3.28}$$

という関係式が得られます．これを (3.23) の両辺を時間で微分したものに代入すれば，

$$m \frac{d^2}{dt^2} \langle x \rangle = - \left\langle \frac{dV(x)}{dx} \right\rangle \tag{3.29}$$

のようにニュートンの運動方程式 (3.22) に似た関係式が得られます. これをエーレンフェストの定理といいます.

3.2.2 波束と古典力学との対応

前項で導いた (3.29) は, このままではニュートンの運動方程式そのものと同一視することはできません. なぜなら $\langle x \rangle$ が粒子の位置であると思えば, 右辺が粒子にはたらく力を表すには,

$$-\left\langle \frac{dV(x)}{dx} \right\rangle = \langle F(x) \rangle \tag{3.30}$$

ではなく,

$$-\frac{dV(\langle x \rangle)}{dx} = F(\langle x \rangle) \tag{3.31}$$

となっていなければならないからです. そこで, (3.29) の右辺がこのように表せるためには, どのような条件が必要かを考えてみましょう.

これまでの議論では, 波動関数に対する条件は, 無限遠方でゼロになるというものだけでした. ここでさらに, 図 3.1 のように, $|\Psi(x,t)|^2$ は $x = \langle x \rangle$ を中心としてその広がりが十分小さいとしましょう. そして, この $|\Psi(x,t)|^2$ の広がりの中ではポテンシャルの勾配がほとんど変化しない (ほぼ一定) とすると

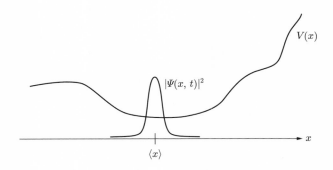

図 3.1

$$-\left\langle \frac{dV(x)}{dx} \right\rangle = -\int_{-\infty}^{\infty} \Psi^*(x,t)\frac{dV(x)}{dx}\Psi(x,t)\,dx$$

$$= -\int_{-\infty}^{\infty} \frac{dV(x)}{dx}|\Psi^*(x,t)|^2\,dx$$

$$\simeq -\left.\frac{dV(x)}{dx}\right|_{x=\langle x\rangle} \int_{-\infty}^{\infty} |\Psi(x,t)^2|\,dx$$

$$= -\frac{dV(\langle x\rangle)}{dx} \tag{3.32}$$

のように，$\dfrac{dV(x)}{dx}$ は x に依存せず，$\langle x\rangle$ における値で表すことができます．この結果を (3.29) に代入すれば，

$$m\frac{d^2}{dt^2}\langle x\rangle = -\frac{dV(\langle x\rangle)}{dx} \tag{3.33}$$

が得られます．

　したがって，$\langle x\rangle$ を粒子の座標だと思えば，古典力学におけるニュートンの運動方程式が導かれたことになります．ここで仮定したような波動関数の広がりが十分小さい状態を**波束**といい，これは粒子の位置がかなり確定している状態なので，古典的な粒子に近い状態と見なすことができます．そのため実際に，その位置の期待値は古典力学であるニュートンの運動方程式を満たすことになるのです．

　量子力学的な状態のうち，ある特殊な状態である波束が古典力学を再現するということは，量子力学が古典力学を特別な場合として含む，より広い体系であることを示しています．

章 末 問 題

　3–1　ハミルトニアン $\hat{H}$ が時間に依存しないとき，エネルギーの期待値 $E = \langle H\rangle$ は時間に依存しない量（これを保存量といいます）であることを示しなさい．

　3–2　章末問題 2–2 で与えられている波動関数 (2.47) は波束の具体例です．この波束に対して，位置と運動量の期待値 $\langle x\rangle$ と $\langle p\rangle$ を求めなさい．

量子コンピュータ

第2章で学んだように，波動関数は重ね合わせができるという特徴をもっています．この重ね合わせを計算の原理に用いるコンピュータを**量子コンピュータ**といい，超高速な処理が可能なコンピュータとしてその実用化が期待されています．

普段，我々が使っているパソコンなどのコンピュータ（これを古典コンピュータといいます）では，様々な処理をする際の基本単位として，0と1のビットを操作します．そして，0と1の数字の組み合わせで2進法による計算を行い，インターネットや文書作成，表計算などの様々な処理を行います．

一方，量子コンピュータでは，0と1に対応する量子力学的な状態を準備し，その重ね合わせ状態を基本単位（これを**量子ビット**といいます）として計算を行います．量子ビットは0と1の状態を同時にとることができるため，古典ビットで 2^n 回かかる計算が量子ビットでは1回の計算で済みます（これを**量子並列計算**といいます）．このように量子コンピュータは，量子並列計算ができるため，古典コンピュータとは比べものにならないほどの高速で計算を処理することができます（ただし，実際に量子コンピュータを用いて高速な計算を実現するには，量子もつれ状態という，やはり量子力学特有の状態を用いて，適切な量子アルゴリズムというものを考える必要があります）．

例えば，量子コンピュータでは公開鍵暗号として広く利用されている RSA 暗号があっという間に解読されてしまう可能性があります．なぜなら，RSA 暗号は大きな素数の積を用いてセキュリティを保証していますが，量子コンピュータを用いると効率的に大きな素因数分解ができてしまうからです（現在のスーパーコンピュータでは解読に何万年から何億年もかかる RSA 暗号が，量子コンピュータでは数分で解くことができるといわれています）．

このように，量子力学のキーワードである重ね合わせの原理が，最先端のテクノロジーである量子コンピュータでは当たり前のように現れます．

4

シュレーディンガー方程式を解く（I）

〜井戸型ポテンシャル〜

　第2章で見たように，ポテンシャル $V(r)$ が具体的に与えられると，時間に依存しないシュレーディンガー方程式を解くことにより，粒子と波動の二重性を示すミクロな世界の粒子の運動を調べることができます．多くの場合，ポテンシャルが複雑なため，シュレーディンガー方程式を解析的に（＝紙と鉛筆だけを用いて）解くことはできず，コンピュータを使って数値的に解く必要がありますが，いくつかの限られたポテンシャルに対してはシュレーディンガー方程式を解析的に解くことができます．

　解析的な解は，具体的な関数で記述されるので，その特徴を調べやすくなります．そのため，量子力学的な世界に慣れ親しむために重要です．この章から続くいくつかの章では，解析的に解ける典型的なポテンシャルに対してシュレーディンガー方程式を解いていきます．

　まずこの章では，無限に高い壁をもつ1次元のポテンシャル（**井戸型ポテンシャル**）に閉じ込められた粒子についてシュレーディンガー方程式を解き，その解の性質を調べましょう．井戸型ポテンシャルは最も基本的なポテンシャルでありながら，量子力学の様々な概念を学ぶことができるので，量子力学の世界に慣れるためにふさわしい問題です．その後，井戸型ポテンシャルを3次元に拡張した箱型ポテンシャルの場合についてシュレーディンガー方程式を解いてみましょう．

4.1　井戸型ポテンシャル

4.1.1　シュレーディンガー方程式とその解

シュレーディンガー方程式と一般解

　井戸型ポテンシャルは，図4.1に示すように無限に大きなエネルギーをもつポテンシャルの壁で，壁に挟まれた領域を井戸の中と考えます．数式で表現すると

$$V(x) = \begin{cases} \infty & (x < 0) \\ 0 & (0 \leq x \leq a) \\ \infty & (a < x) \end{cases} \tag{4.1}$$

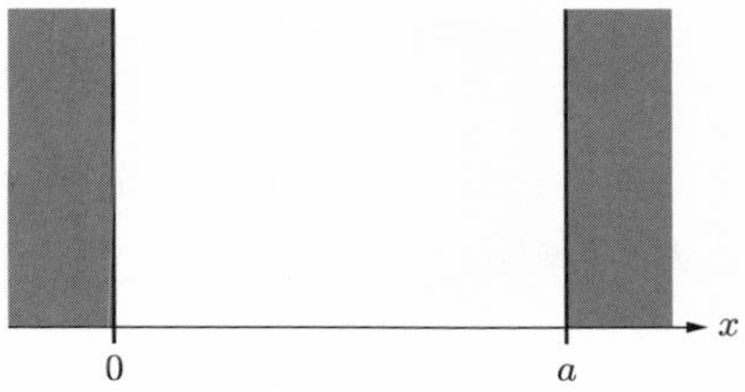

図 **4.1**

と与えられます.

このポテンシャルの中にいる質量 m の粒子の量子力学的な性質を調べて
みましょう. 井戸の外側である $x < 0$, $a < x$ の領域では $V(x) = \infty$ のため,
粒子が井戸の外側に出るためには無限のエネルギーが必要です. しかし, 粒
子が無限のエネルギーをもつことはないので, 粒子は井戸の外側に出るこ
とはできません. そのため, 井戸の外側に粒子を見出す確率はゼロになりま
す. したがって, 井戸の外側における波動関数 $\psi(x)$ はゼロになるので

$$\psi(x) = 0 \qquad (x < 0, \ a < x) \tag{4.2}$$

となります.

一方, 井戸の内側 $(0 \leq x \leq a)$ でポテンシャルはゼロであるため, 波動関
数は, 時間に依存しないシュレーディンガー方程式 (2.25) に $V(x) = 0$ を代
入した

$$-\frac{\hbar^2}{2m} \frac{d^2\psi(x)}{dx^2} = E\psi(x) \qquad (0 \leq x \leq a) \tag{4.3}$$

を満たします. したがって, 数学の問題として, この微分方程式を解くこと
ができれば, 井戸型ポテンシャル中の粒子の量子力学的な振る舞いがわかり
ます. そこで, この方程式を解くための準備として, シュレーディンガー方
程式 (4.3) を少し見やすく書き換えてみましょう.

(4.3) の右辺の $E\psi(x)$ を左辺に移項し, 両辺を $-\hbar^2/2m$ で割ったのち,

$$k = \frac{\sqrt{2mE}}{\hbar} \tag{4.4}$$

とおくと, (4.3) のシュレーディンガー方程式は

$$\frac{d^2\psi(x)}{dx^2} + k^2\psi(x) = 0 \tag{4.5}$$

となり，計算の見通しが良くなります．数学で学んだように，この微分方程式の一般解が

$$\psi(x) = A\sin(kx) + B\cos(kx) \tag{4.6}$$

となることは，この一般解を微分方程式 (4.5) に実際に代入することで確かめることができます．なお，2 階の微分方程式であることから，2 つの複素数の積分定数 A と B を用いました．また，波動関数の一般解 (4.6) を見ると，(4.4) の k は波数に相当することがわかります．

境界条件と特解

一般解 (4.6) は，微分方程式 (4.5) に対する数学的な解に過ぎません．物理的に意味のある解を得るためには，A と B のような未定の定数を含まない解（これを**特殊解**，あるいは**特解**といいます）を求める必要があります．

定数 A と B を決めるためには，**境界条件**を用います．いまの場合，境界条件は $x = 0$ と $x = a$ で波動関数がゼロであること，すなわち

$$\begin{cases} \psi(0) = 0 & \tag{4.7} \\ \psi(a) = 0 & \tag{4.8} \end{cases}$$

となります．

まず，境界条件 (4.7) を (4.6) に適用すると

$$\psi(0) = B = 0 \tag{4.9}$$

となるので，

$$\psi(x) = A\sin(kx) \tag{4.10}$$

が得られます．さらに，この結果に境界条件 (4.8) を適用すると

$$\psi(a) = A\sin(ka) = 0 \tag{4.11}$$

となるので，$A = 0$ または $\sin(ka) = 0$ でなければならないことがわかりま

す．ここで $A = 0$ であるとすると $\psi(x) = 0$ となるので，井戸の外側だけでなく，内側でも波動関数はゼロになってしまいます．これでは，井戸の外側・内側のどこにも粒子が存在しないことになってしまいますね．このような解は物理的に意味がないので除外します．そこで，$\sin(ka) = 0$ とすると

$$ka = 0, \ \pm\pi, \ \pm 2\pi, \ \cdots \tag{4.12}$$

となるので，波数 k が

$$k = k_n = \frac{n\pi}{a} \qquad (n = 1, 2, \cdots) \tag{4.13}$$

と決まります．ここで，k が n に依存することになるので，k を k_n と書きました．以上の手続きから，境界条件によって k の値が決まってしまうことがわかりました．

ところで，(4.12) において $k = 0$ とすると，$\psi(x) = 0$ となってしまい，$A = 0$ の場合と同じように物理的に意味のある解ではなくなるので，(4.13) では $n = 0$ を除外しました．また，(4.12) のマイナスの符号の解は，$A\sin(-ka) = -A\sin(ka)$ となるので，マイナスの符号を未知定数 A に含めてしまうことができます．このようにすると，プラスの符号のときと同じ波動関数を与えることになるので，重複を避けるためにマイナスの符号の解は (4.13) には含めていません．

波数 k_n が (4.13) のように定まるということは，(4.4) を E について解くと

$$E = \frac{\hbar^2 k_n^2}{2m} = \frac{\pi^2 \hbar^2}{2ma^2} n^2 = E_n \tag{4.14}$$

となり，2.2.2 項で述べたエネルギー固有値が定まることになります．ここでエネルギー E は k_n を通じて n に依存することになるので，E_n と書きました．そして，波動関数も n に依存することになるので

$$\psi(x) = \psi_n(x) = A\sin(k_n x) \qquad (n = 1, 2, \cdots) \tag{4.15}$$

と表せます．

規格化定数の決定

以上のように，2 つの境界条件のうち (4.7) からは $B = 0$ が得られ，(4.8)

からは波数を通じてエネルギー固有値が決まりました．しかし，境界条件だけでは波動関数 (4.15) の係数 A を決めることができないため，波動関数を完全に求めることができません．そこで，ボルンの確率解釈を使い，波動関数が規格化されるように A を決めます．次の例題 4 - 1 で A を求めてみましょう．

［例題 4 - 1］ 波動関数 (4.15) の係数 A を，波動関数の規格化条件から求めなさい．

［解］ 波動関数に対するボルンの確率解釈を用いるために，波動関数の絶対値の 2 乗をゼロから a まで積分します．

$$
\begin{aligned}
\int_0^a |\psi(x)|^2 \, dx &= |A|^2 \int_0^a \sin^2(k_n x) \, dx \\
&= |A|^2 \int_0^a \underbrace{\frac{1 - \cos(2k_n x)}{2}}_{\because \, \sin \text{の半角の公式}} \, dx \\
&= |A|^2 \frac{a}{2}
\end{aligned}
\tag{4.16}
$$

規格化条件より，これが 1 に等しいので

$$
|A|^2 = \frac{2}{a}
\tag{4.17}
$$

となります．そして，波動関数は複素数なので，A は一般に複素数となることに注意すると，この解は，任意の実数 θ を用いて $A = \pm e^{i\theta} \sqrt{\dfrac{2}{a}}$ と表すことができます．

　A の中身に任意の実数 θ が残っていることに気持ち悪さを感じるかもしれませんが，実際には，この定数は適当に決めてしまって構いません．なぜなら，規格化（や期待値）の計算をする際には，波動関数は必ず ψ^* と ψ のペアで現れるので，定数 θ は $e^{-i\theta} \times e^{i\theta} = 1$ より消えてしまうからです．そこで，$A = \pm e^{i\theta} \sqrt{\dfrac{2}{a}}$ において $\theta = 0$ とし，さらに正の値を用いることにすると

$$
A = \sqrt{\frac{2}{a}}
\tag{4.18}
$$

となります．　　　　　　　　　　　　　　　　　　　　　　　　　　　　　　　◆

　波動関数の確率解釈により A が定まったので，(4.15) より井戸の内側の波動関数は

$$\psi_n(x) = \sqrt{\frac{2}{a}}\sin(k_n x)$$
$$(n = 1, 2, \cdots) \qquad (4.19)$$

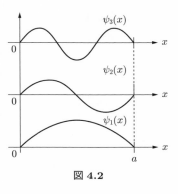

図 **4.2**

となります（図 4.2）．以上より，未定定数 A と B がすべて定まったので，波動関数が完全に求まったことになります．

4.1.2　量子数，エネルギーの量子化，ゼロ点エネルギー

　前項で求めた井戸型ポテンシャル中の粒子に対するシュレーディンガー方程式の解 (4.19) を見ると，量子力学らしい特徴や概念がいくつも現れています．それらを見てみましょう．

量子状態と量子数

　井戸型ポテンシャル中の粒子の状態は，$n = 1, 2, 3, \cdots$ で指定されるエネルギー固有値 (4.14) と，それに対応する波動関数（エネルギー固有状態）(4.19) で表されることがわかりました．n のように量子力学的な運動状態（＝**量子状態**[1]）を指定し，互いに区別する番号を**量子数**といいます．古典的な運動状態は位置と運動量（または速度）で区別しましたが，量子力学的な運動状態は量子数により区別します．

エネルギーの量子化

　古典力学では，ポテンシャルに閉じ込められた粒子のエネルギーは $E \geq 0$ の任意の実数値をとることができますが，量子力学では，(4.14) で与えられるように，量子数 n ごとにエネルギーが離散的になることがわかります．このようにエネルギーが連続値をとらずに離散的になるのは量子力学の特徴で，これを**エネルギーの量子化**といいます．

---

[1]　量子状態を，単に「状態」と表現することもあります．

ゼロ点エネルギー

エネルギー固有状態のうち，エネルギー固有値が最小となる状態（いまの場合 $n = 1$）を**基底状態**といいます．一方，基底状態よりエネルギーの大きな状態（いまの場合 $n \geq 2$）は，すべて**励起状態**といい，例えば基底状態の1つ上の励起状態を第1励起状態，2つ上の励起状態を第2励起状態というように表現します．

(4.14) からわかるように，基底状態のエネルギー固有値は

$$E_1 = \frac{\pi^2 \hbar^2}{2ma^2} \tag{4.20}$$

となり，ゼロにはなりません．古典力学では，ポテンシャル中の粒子の最小エネルギーはゼロとなり，粒子は静止しますが，量子力学では，基底状態であってもエネルギーはゼロにならず，静止することができません．この状態のエネルギーを**ゼロ点エネルギー**といいます．これも量子力学の特徴の1つです．

4.1.3 波動関数の直交性

量子数の異なる2つの波動関数に対しては，**直交性**とよばれる関係

$$\int_0^a \psi_m^*(x)\,\psi_n(x)\,dx = 0 \qquad (m \neq n) \tag{4.21}$$

が成り立ちます．この直交性という言葉は，2つのベクトル $\boldsymbol{a}$ と $\boldsymbol{b}$ の直交性 $\boldsymbol{a} \cdot \boldsymbol{b} = 0$ からきています．波動関数の直交性を次の例題4-2で確かめてみましょう．

[例題 4-2] 波動関数 (4.19) を用いて，(4.21) が成り立つことを示しなさい．

[解] 直交性を表す式 (4.21) の左辺に波動関数 (4.19) を代入すると

$$\int_0^a \psi_m^*(x)\,\psi_n(x)\,dx = \frac{2}{a} \int_0^a \sin(k_m x) \sin(k_n x)\,dx$$

$$= \frac{1}{a} \int_0^a \underbrace{\{\cos[(k_m - k_n)x] - \cos[(k_m + k_n)x]\}}_{\because\ \cos\text{ の加法定理}}$$

$$= \left[\frac{\sin[(k_m - k_n)x]}{a(k_m - k_n)}\right]_0^a - \left[\frac{\sin[(k_m + k_n)x]}{a(k_m + k_n)}\right]_0^a$$

$$\overset{(4.13)}{=} \underbrace{\frac{\sin[(m-n)\pi]}{(m-n)\pi}}_{0\ (\because\ m \neq n)} - \underbrace{\frac{\sin[(m+n)\pi]}{(m+n)\pi}}_{0\ (\because\ m \neq n)}$$

$$= 0 \tag{4.22}$$

ここで，4行目から5行目の変形では $m, n = 1, 2, \cdots$ かつ $m \neq n$ なので $\sin$ の中身が π の整数倍となり，第1項も第2項もゼロになることを用いました．

以上より，(4.21) が成り立つことが示されました． ✦

波動関数の直交性は，井戸型ポテンシャル中の粒子の波動関数 (4.19) に限らず，**シュレーディンガー方程式を満たす波動関数に対して，一般に成り立つ性質です．**

4.1.4 位置と運動量の期待値と不確定性原理

井戸型ポテンシャルの波動関数が得られたので，第3章で学んだ物理量の期待値を計算することができます．次の例題4–3と4–4で，いくつかの物理量に対して，期待値を計算してみましょう．

[例題 4–3] 井戸型ポテンシャル中の粒子の基底状態に対する波動関数を用いて，(1) $\langle x \rangle$，(2) $\langle x^2 \rangle$，(3) $\langle p \rangle$，(4) $\langle p^2 \rangle$ を計算しなさい．

[解] (1) 三角関数の半角の公式と部分積分を使って計算します．

$$\begin{aligned}
\langle x \rangle &= \frac{2}{a}\int_0^a x \sin^2(k_1 x)\, dx \\
&= \frac{2}{a}\int_0^a x \underbrace{\frac{1 - \cos(2k_1 x)}{2}}_{\because\ \sin\text{の半角の公式}}\, dx \\
&= \frac{1}{a}\int_0^a x\, dx - \frac{1}{a}\underbrace{\int_0^a x\cos(2k_1 x)\, dx}_{\text{部分積分する}} \\
&= \frac{a}{2} - \frac{1}{a}\left[\frac{x\sin(2k_1 x)}{2k_1}\right]_0^a + \frac{1}{a}\int_0^a \frac{\sin(2k_1 x)}{2k_1}\, dx \\
&= \frac{a}{2} \tag{4.23}
\end{aligned}$$

ただし，(4.13) より $k_1 = \dfrac{\pi}{a}$ です．この結果は，幅が a の井戸型ポテンシャル中の基底状態にある粒子の位置を測定すると，平均的に井戸の中心で観測されることを示しています．

(2)　三角関数の半角の公式と部分積分を繰り返し適用して計算します．

$$\langle x^2 \rangle = \frac{2}{a} \int_0^a x^2 \sin^2(k_1 x) \, dx$$

$$= \frac{2}{a} \int_0^a x^2 \underbrace{\frac{1 - \cos(2k_1 x)}{2}}_{\because \ \sin \text{ の半角の公式}} \, dx$$

$$= \frac{a^2}{3} - \frac{1}{a} \underbrace{\int_0^a x^2 \cos(2k_1 x) \, dx}_{\text{部分積分する}}$$

$$= \frac{a^2}{3} - \frac{1}{a} \underbrace{\left[\frac{x^2 \sin(2k_1 x)}{2k_1} \right]_0^a}_{0} + \frac{1}{a} \underbrace{\int_0^a \frac{x \sin(2k_1 x)}{k_1} \, dx}_{\text{部分積分する}}$$

$$= \frac{a^2}{3} - \frac{1}{a} \left[\frac{x \cos(2k_1 x)}{2k_1^2} \right]_0^a + \frac{1}{a} \int_0^a \frac{\cos(2k_1 x)}{2k_1^2} \, dx$$

$$= \frac{a^2}{3} - \frac{a^2}{2\pi^2} \tag{4.24}$$

(3)　三角関数の2倍角の公式と (2.10) の量子化の手続きを用いて積分します．

$$\langle p \rangle = \frac{2}{a} \int_0^a \sin(k_1 x) \left(-i\hbar \frac{d}{dx} \right) \sin(k_1 x) \, dx$$

$$= -i\hbar \frac{2\pi}{a^2} \int_0^a \sin(k_1 x) \cos(k_1 x) \, dx$$

$$= -i\hbar \frac{2\pi}{a^2} \int_0^a \underbrace{\frac{\sin(2k_1 x)}{2}}_{\because \ \sin \text{ の 2 倍角の公式}} \, dx$$

$$= 0 \tag{4.25}$$

(4)　三角関数の半角の公式と (2.10) の量子化の手続きを用いて積分します．

$$\langle p^2 \rangle = \frac{2}{a} \int_0^a \sin(k_1 x) \left(-\hbar^2 \frac{d^2}{dx^2} \right) \sin(k_1 x) \, dx$$

$$= \frac{2\hbar^2 \pi^2}{a^3} \int_0^a \sin^2(k_1 x) \, dx$$

$$= \frac{2\hbar^2 \pi^2}{a^3} \int_0^a \underbrace{\frac{1 - \cos(2k_1 x)}{2}}_{\because \ \sin \text{ の半角の公式}} \, dx$$

$$= \frac{\hbar^2 \pi^2}{a^2} \tag{4.26}$$

◆

ところで，量子力学では波動関数によって粒子の存在確率だけが定まるため，粒子の位置などの物理量の測定値は期待値を中心にばらつき，不確かさを伴います．この不確かさは，任意の物理量 A に対して，

$$\Delta A = \sqrt{\langle A^2 \rangle - \langle A \rangle^2} \tag{4.27}$$

で定義されます（この式は，統計学における標準偏差に相当します）．次の例題 4 – 4 で，位置と運動量の不確かさを計算してみましょう．

[**例題 4 – 4**]　井戸型ポテンシャル中の粒子の波動関数 (4.19) を用いて，基底状態に関する位置の不確かさ Δx と運動量の不確かさ Δp を計算しなさい．

　[**解**]　位置の不確かさは例題 4 – 3 で求めた $\langle x \rangle$ (4.23) と $\langle x^2 \rangle$ (4.24) を用いると

$$\Delta x = \sqrt{\langle x^2 \rangle - \langle x \rangle^2}$$
$$= \sqrt{\frac{a^2}{3} - \frac{a^2}{2\pi^2} - \left(\frac{a}{2}\right)^2}$$
$$= a\sqrt{\frac{\pi^2 - 6}{12\pi^2}} \tag{4.28}$$

となり，運動量の不確かさは例題 4 – 3 で求めた $\langle p \rangle$ (4.25) と $\langle p^2 \rangle$ (4.26) を用いると

$$\Delta p = \sqrt{\langle p^2 \rangle - \langle p \rangle^2}$$
$$= \sqrt{\frac{\hbar^2 \pi^2}{a^2} - 0}$$
$$= \frac{\pi \hbar}{a} \tag{4.29}$$

となります．

◆

例題 4 – 4 の結果を用いると，位置の不確かさと運動量の不確かさの積は

$$\Delta x\, \Delta p = \pi \hbar \sqrt{\frac{\pi^2 - 6}{12\pi^2}}$$

$$\simeq 0.56\cdots \times \hbar > \frac{\hbar}{2} \qquad (4.30)$$

となります．この関係式は，粒子の運動量を不確かさなく正確に測定しよう
とすると位置の不確かさが増大し，一方で，位置を不確かさなく正確に測定
しようとすると運動量の不確かさが増大する，ということを表しています．
すなわち，**粒子の位置と運動量を同時に不確かさなく測定することはできな**
いということで，これを**ハイゼンベルクの不確定性原理**といいます．これは
量子力学で最も重要な特徴の 1 つです．

4.2　箱型ポテンシャル

　無限に高いポテンシャルの壁（井戸型ポテンシャル）を 3 次元に拡張す
ると，箱に閉じ込められた自由粒子（これを**箱型ポテンシャル**といいます）
を考えることができます．この節では，井戸型ポテンシャルの結果を 3 次
元の場合に拡張し，さらにそのポテンシャル中に多数の粒子が閉じ込められ
ている場合についても調べてみましょう．

4.2.1　自由粒子が 1 個の場合

　箱型ポテンシャルは，井戸型ポテンシャルを
3 次元的にすれば得られます．すなわち，

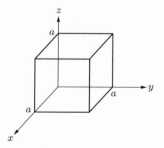

$$V(x) = \begin{cases} \infty & (x, y, z < 0) \\ 0 & (0 \le x, y, z \le a) \quad (4.31) \\ \infty & (a < x, y, z) \end{cases}$$

図 4.3

と与えられます．このとき，あらゆる方向を
無限大のポテンシャルで囲まれているため，粒子は箱の外に出ることができ
ません．したがって，粒子は図 4.3 のような箱に閉じ込められている，とい

うことになるのです.

まずは,箱の中に粒子が1つ閉じ込められている場合を考えてみましょう.粒子は箱から出ることができないので,箱の外では波動関数はゼロになります.すなわち,

$$\psi(x, y, z) = 0 \qquad (x, y, z < 0, \ a < x, y, z) \tag{4.32}$$

と表せます.

一方,箱の中ではポテンシャルはゼロのため,波動関数は時間に依存しないシュレーディンガー方程式

$$-\frac{\hbar^2}{2m}\left(\frac{\partial^2}{\partial x^2} + \frac{\partial^2}{\partial y^2} + \frac{\partial^2}{\partial z^2}\right)\psi(x, y, z) = E\,\psi(x, y, z) \qquad (0 \leq x, y, z \leq a)$$
$$\tag{4.33}$$

を満たします.この方程式は波動関数 $\psi(x, y, z)$ に対する偏微分方程式になっているので,井戸型ポテンシャルのときと比べて少しだけ難しくなっています.そこで,次の例題4-5で,時間に依存するシュレーディンガー方程式から時間に依存しないシュレーディンガー方程式を導いたときのように,変数分離法を使って方程式を簡略化してみましょう.

[例題4-5] シュレーディンガー方程式 (4.33) の波動関数 $\psi(x, y, z)$ を x だけの関数 $\psi_x(x)$,y だけの関数 $\psi_y(y)$,z だけの関数 $\psi_z(z)$ の積を用いて

$$\psi(x, y, z) = \psi_x(x)\,\psi_y(y)\,\psi_z(z) \tag{4.34}$$

とおき,$\psi_x(x), \psi_y(y), \psi_z(z)$ に関する常微分方程式にしなさい.

[解] (4.34) をシュレーディンガー方程式 (4.33) に代入し,両辺を $\psi(x, y, z)$ $= \psi_x(x)\,\psi_y(y)\,\psi_z(z)$ で割ると

$$-\frac{\hbar^2}{2m}\left[\frac{1}{\psi_x(x)}\frac{d^2\psi_x(x)}{dx^2} + \frac{1}{\psi_y(y)}\frac{d^2\psi_y(y)}{dy^2} + \frac{1}{\psi_z(z)}\frac{d^2\psi_z(z)}{dz^2}\right] = E$$
$$\tag{4.35}$$

となります.左辺は x, y, z の関数の和となっていますが,右辺は定数です.これ

が成り立つためには，左辺のそれぞれの項が x, y, z に依存しない定数である必要があります．そこで，それぞれの定数を E_x, E_y, E_z とおくと，

$$
\begin{cases}
-\dfrac{\hbar^2}{2m}\dfrac{d^2\psi_x(x)}{dx^2} = E_x\,\psi_x(x) \\[2mm]
-\dfrac{\hbar^2}{2m}\dfrac{d^2\psi_y(y)}{dy^2} = E_y\,\psi_y(y) \\[2mm]
-\dfrac{\hbar^2}{2m}\dfrac{d^2\psi_z(z)}{dz^2} = E_z\,\psi_z(z)
\end{cases}
\tag{4.36}
$$

という 3 つの常微分方程式と

$$
E_x + E_y + E_z = E
\tag{4.37}
$$

という関係式が得られます．　　　　　　　　　　　　　　　　　　　　　◆

　(4.36) のそれぞれの微分方程式は，井戸型ポテンシャルのシュレーディンガー方程式と全く同じなので，前節で求めた波動関数 (4.19) を用いると

$$
\begin{aligned}
\psi_{n_x, n_y, n_z}&(x, y, z) \\
&= \psi_x(x)\,\psi_y(y)\,\psi_z(z) \\
&= \left(\frac{2}{a}\right)^{3/2} \sin\left(k_{n_x}x\right)\sin\left(k_{n_y}y\right)\sin\left(k_{n_z}z\right) \qquad (n = 1, 2, \cdots)
\end{aligned}
\tag{4.38}
$$

となります．ここで，

$$
\begin{cases}
k_{n_x} = \dfrac{\pi}{a}n_x \qquad (n_x = 1, 2, \cdots) \\[2mm]
k_{n_y} = \dfrac{\pi}{a}n_y \qquad (n_y = 1, 2, \cdots) \\[2mm]
k_{n_z} = \dfrac{\pi}{a}n_z \qquad (n_z = 1, 2, \cdots)
\end{cases}
\tag{4.39}
$$

です．一方，エネルギー固有値は，(4.14) を用いて

$$
\begin{aligned}
E_{n_x, n_y, n_z} &= \frac{\hbar^2}{2m}(k_{n_x}^2 + k_{n_y}^2 + k_{n_z}^2) \\
&= \frac{\pi^2\hbar^2}{2ma^2}(n_x^2 + n_y^2 + n_z^2) \qquad (n_x, n_y, n_z = 1, 2, \cdots)
\end{aligned}
\tag{4.40}
$$

となります.

この結果を用いて,エネルギー固有値に対応する状態の数について調べてみましょう.基底状態は (4.40) の $n_x^2 + n_y^2 + n_z^2$ が最も小さくなるような n_x, n_y, n_z の組み合わせになるので,$(n_x, n_y, n_z) = (1,1,1)$ で与えられます.一方,第1励起状態は基底状態の次にエネルギーの高い状態なので,n_x, n_y, n_z のうち2つが1で,1つが2の場合となり,$(n_x, n_y, n_z) = (2,1,1), (1,2,1), (1,1,2)$ で与えられ,同じエネルギー固有値に対して3つの状態が対応することがわかります.同様に考えると,基底状態以外の状態については,1つのエネルギー固有値に対して複数の状態が対応することがわかります.

このように,同じエネルギー固有値をとる状態が複数存在することを状態が**縮退**している,といいます.井戸型ポテンシャルのときには,状態が縮退することはありませんでしたが,ここで扱った箱型ポテンシャルのように,一般に2次元以上のポテンシャルに対しては,状態が縮退します.

4.2.2 自由粒子が N 個の場合

ここまでの結果を用いると,箱の中に互いに独立な N 個の粒子が入っている場合についても簡単に求めることができます.後半で学ぶ統計力学との関連を踏まえ,ここではエネルギー固有値についてのみ見ておきます.

1粒子のエネルギー固有状態は,量子数 (n_x, n_y, n_z) を用いて表すことができました.独立な粒子が N 個ある場合は,これを N 粒子分に増やせばよく,ある粒子 i について,その量子数を (n_{ix}, n_{iy}, n_{iz}) とすると全 N 粒子の状態は

$$\{n\} = (n_{1x}, n_{1y}, n_{1z}, \cdots, n_{Nx}, n_{Ny}, n_{Nz}) \tag{4.41}$$

と表すことができます.そうすると,1粒子のエネルギー固有値が (4.40) で与えられていたので,N 粒子のエネルギー固有値は,(4.41) を用いて

$$E_{\{n\}} = \frac{\pi^2 \hbar^2}{2ma^2} \sum_{i=1}^{N} (n_{ix}^2 + n_{iy}^2 + n_{iz}^2) \tag{4.42}$$

と簡単に求めることができます.

　この結果を見ると，1粒子の場合に比べて粒子数が多くなる分だけ，同じエネルギー固有値に対して $\{n\}$ の組み合わせが増えることがわかります. 統計力学で扱うマクロな系では，N は通常 10^{23} のオーダーになるので，マクロな系のエネルギー固有状態の縮退数は膨大になります.

章 末 問 題

4-1 井戸型ポテンシャルの波動関数 (4.19) を用いて，ハミルトニアン

$$\hat{H} = \frac{\hat{p}^2}{2m} \tag{4.43}$$

の期待値を計算しなさい.

　4-2 井戸型ポテンシャルの基底状態の運動量の不確かさ (4.29) から基底状態のエネルギー固有値が求まることを示しなさい.

　4-3 箱型ポテンシャルのエネルギー固有値 (4.40) の縮退数を，基底状態から第4励起状態まで求めなさい.

井戸型ポテンシャルと低次元物質

　井戸型ポテンシャルや箱型ポテンシャルは，量子力学の基礎を勉強するための単なる「例題」ではありません．現実の世界に実際に存在し，ナノテクノロジーなどの工学的な応用としても極めて重要なものとなっています．

　例えば，電子を非常に狭い領域に閉じ込めることができれば，それは井戸型ポテンシャルや箱型ポテンシャルと考えることができます．**量子ドット**といわれるナノサイズの小さな箱は，3次元空間の全方向にポテンシャルの壁があるため，電子はその中に閉じ込められます（空間のどの方向にも閉じ込められているので，ゼロ次元の物質となります）．また，**カーボンナノチューブ**は炭素原子でできた筒状の物質で，電子は筒の伸びた方向に動くことはできますが，筒に垂直な方向には閉じ込められています（1次元方向にしか動けないので，1次元の物質となります）．そして，**原子層物質**は，原子数個分の厚みしかないシート状の物質で，例えば，カーボンナノチューブを切り裂いて平面上に広げたグラフェンなどがあります．原子層物質中の電子は平面上を動くことはできますが，平面に垂直な方向には閉じ込められています（2次元平面上しか動けないので，2次元の物質となります）．

　量子ドット，カーボンナノチューブ，原子層物質などの低次元物質（電子の運動方向が2次元以下に制限されるため，このようによばれます）中の電子は，いずれかの方向に閉じ込められているため，井戸型ポテンシャルや箱型ポテンシャル中の電子と同じような特徴をもつことになります．具体的には，閉じ込めの方向にエネルギーが離散化され，閉じ込めのサイズ（量子ドットのサイズやカーボンナノチューブの直径や原子層物質の厚さ）に応じてエネルギー準位の間隔が変化します．すると，物質が発光したり光吸収するときの光のエネルギーはその物質のエネルギー準位の間隔で決まるため，物質の閉じ込めのサイズを調整することで，これらの光学特性を制御し，様々な光学デバイスに応用することが可能になります．例えば，高効率な太陽電池や高性能なLEDなど，次世代のテクノロジーを支える物質として，「井戸型ポテンシャル」を有する低次元物質はその応用が期待され，精力的に研究されています．

シュレーディンガー方程式を解く（II）

～調和振動子型ポテンシャル～

　井戸型ポテンシャルに続き，この章では，シュレーディンガー方程式を解析的に解けるポテンシャルとして，**調和振動子型ポテンシャル**について考えてみましょう．調和振動子型ポテンシャルとは，バネにつながった粒子の運動を表すポテンシャルです．そのため，バネにつながった量子力学的な粒子の運動については，この調和振動子型ポテンシャルのもとでシュレーディンガー方程式を解けばよいことになります．

　量子力学的な粒子がバネにつながっている状況というのはイメージしにくいですが，例えば，固体を構成する原子の振動などがあります．さらに，任意のポテンシャルは，その極小点（ポテンシャルの 1 階微分がゼロとなる点）近傍だけを考えると調和振動子型ポテンシャルで表すことができるため，様々な運動を調和振動子型ポテンシャルを用いて考えることができます．そのため，このポテンシャル中の粒子の量子力学的性質を理解することは，極めて重要になります．

5.1　調和振動子型ポテンシャル

　古典力学で学んだように，バネ定数 k のバネにつながった質量 m の粒子が行う x 軸方向への単振動を表す運動方程式は，フックの法則により

$$m\frac{d^2x}{dt^2} = -kx \tag{5.1}$$

となるので，この力を与えるポテンシャルは

$$V(x) = -\int_0^x F(x')\,dx' = \frac{1}{2}kx^2 \tag{5.2}$$

となります．このポテンシャルを**調和振動子型ポテンシャル**といいます．ここで，x はつり合いの位置からのズレを表します．

　ここで任意の 1 次元のポテンシャル $V(x)$ を考えてみましょう．ただし，

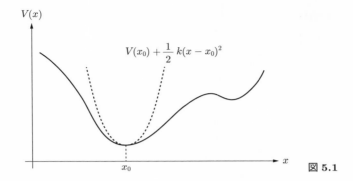

図 5.1

このポテンシャルには，図 5.1 のように $x = x_0$ に極小点があるとします．そして，（準）安定な $x = x_0$ 近傍だけの運動を考えることにし，ポテンシャルを $x = x_0$ のまわりでテイラー展開します．

$$V(x) = V(x_0) + \left.\frac{dV(x)}{dx}\right|_{x=x_0} (x - x_0) + \frac{1}{2} \left.\frac{d^2V(x)}{dx^2}\right|_{x=x_0} (x - x_0)^2 + \cdots$$

$$(5.3)$$

ここで右辺第 2 項は，$x = x_0$ でポテンシャルが極小（つまり，$dV(x)/dx$ がゼロ）であることからゼロになります．$x = x_0$ からのズレが小さければ，$(x - x_0)$ の高次のベキの項ほど小さな寄与になるので，(5.3) は $x = x_0$ の極小点付近に注目する限り，2 次までを残し

$$V(x) \simeq V(x_0) + \frac{1}{2} \left.\frac{d^2V(x)}{dx^2}\right|_{x=x_0} (x - x_0)^2 \qquad (5.4)$$

とすることができます．そして，バネ定数 k を

$$k = \frac{d^2V(x)}{dx^2} \qquad (5.5)$$

とおけば，調和振動子型ポテンシャルとなっていることがわかります．

　このように，任意の形をしたポテンシャルであっても，その極小点近傍に注目する限り，必ず調和振動子型ポテンシャルとなるのです．そのため，調和振動子型ポテンシャルは，様々な自然現象に関わることになります．

5.2　調和振動子型ポテンシャルの固有状態と固有値

5.2.1　シュレーディンガー方程式

　量子力学において，角振動数 ω $(= \sqrt{k/m})$ で単振動する質量 m の粒子を考えると，そのポテンシャルは (5.2) より

$$V(\hat{x}) = \frac{m\omega^2}{2}\hat{x}^2 \qquad (k = m\omega^2) \tag{5.6}$$

となります（(5.6) は関数 $\psi(x)$ に作用させることになるので，演算子の形にしました）．したがって，時間に依存しないシュレーディンガー方程式 (2.25) は

$$-\frac{\hbar^2}{2m}\frac{d^2\psi(x)}{dx^2} + \frac{m\omega^2\hat{x}^2}{2}\psi(x) = E\,\psi(x) \tag{5.7}$$

あるいは，運動量演算子 $\hat{p} = -i\hbar\dfrac{d}{dx}$ を用いて

$$\frac{1}{2m}\left[\hat{p}^2 + (m\omega\hat{x})^2\right]\psi(x) = E\,\psi(x) \tag{5.8}$$

となります．

　このシュレーディンガー方程式を解くために，左辺のハミルトニアン（(2.14) の説明を参照）

$$\hat{H} = \frac{1}{2m}\left[\hat{p}^2 + (m\omega\hat{x})^2\right] \tag{5.9}$$

を次のような演算子

$$\hat{a}_\pm = \frac{1}{\sqrt{2\hbar m\omega}}(\mp i\hat{p} + m\omega\hat{x}) \tag{5.10}$$

を用いて書き換えることを考えます（唐突かもしれませんが，(5.8) を解くためのテクニックだと思い，読み進めてください）．

　そこで，$\hbar\omega\hat{a}_+\hat{a}_-$ を計算してみると

$$\begin{aligned}
\hbar\omega\hat{a}_+\hat{a}_- &= \frac{1}{2m}\left(-i\hat{p} + m\omega\hat{x}\right)\left(i\hat{p} + m\omega\hat{x}\right) \\
&= \frac{1}{2m}\left[\hat{p}^2 + (m\omega\hat{x})^2 + im\omega(\hat{x}\hat{p} - \hat{p}\hat{x})\right]
\end{aligned} \tag{5.11}$$

となるので，もし右辺の最後の項がゼロであれば，$\hbar\omega\hat{a}_+\hat{a}_-$ は (5.9) に他な

りません. すなわち, $\hat{a}_+$ と $\hat{a}_-$ を用いてハミルトニアンを "因数分解" できたことになります. しかし, ここで注意しなければならないのは, 運動量はただの数ではなく, $\hat{p} = -i\hbar\dfrac{d}{dx}$ という演算子であるということです. そのため, 演算子の順序を交換できず, 最後の項の $\hat{x}\hat{p} - \hat{p}\hat{x}$ はゼロになりません. 次の例題 5-1 で, これを確かめてみましょう.

[例題 5-1] $\hat{x}\hat{p} - \hat{p}\hat{x}$ を計算しなさい.

[解] $\hat{x}, \hat{p}$ は演算子なので, これらが作用する関数がなければなりません. そこで, x の任意の関数を $f(x)$ とし, これに $\hat{x}\hat{p} - \hat{p}\hat{x}$ を作用させてみると

$$(\hat{x}\hat{p} - \hat{p}\hat{x})f(x) = \left\{ \hat{x}\left(-i\hbar\frac{d}{dx}\right)f(x) - \left(-i\hbar\frac{d}{dx}\right)\underbrace{[\hat{x}f(x)]}_{xf(x)} \right\}$$

$$= -i\hbar x\frac{df(x)}{dx} + i\hbar f(x) + i\hbar x\frac{df(x)}{dx}$$

$$= i\hbar f(x) \tag{5.12}$$

となり, ゼロにならないことがわかります. なお, この関係を表現するときには, $f(x)$ を除いて

$$\hat{x}\hat{p} - \hat{p}\hat{x} = i\hbar \tag{5.13}$$

と書きます. ✦

ここで, 演算子 $\hat{A}$ と $\hat{B}$ に対して, 次のように **交換子** という演算子を導入します.

$$[\hat{A}, \hat{B}] = \hat{A}\hat{B} - \hat{B}\hat{A} \tag{5.14}$$

これを用いると, $\hat{x}$ と $\hat{p}$ に対しては, (5.13) より

$$[\hat{x}, \hat{p}] = i\hbar \tag{5.15}$$

となり, この関係を $\hat{x}$ と $\hat{p}$ の **交換関係** といいます.

したがって, (5.11) は

$$\hbar\omega\hat{a}_+\hat{a}_- = \frac{1}{2m}\left\{\hat{p}^2 + (m\omega\hat{x})^2 + im\omega\underbrace{[\hat{x},\hat{p}]}_{i\hbar\ (\because\ (5.15))}\right\}$$

$$= \frac{1}{2m}\left[\hat{p}^2 + (m\omega\hat{x})^2 - m\hbar\omega\right]$$

$$= \frac{1}{2m}\left[\hat{p}^2 + (m\omega\hat{x})^2\right] - \frac{1}{2}\hbar\omega \tag{5.16}$$

となるので，(5.9) と比較すると，ハミルトニアンは

$$\hat{H} = \hbar\omega\left(\hat{a}_+\hat{a}_- + \frac{1}{2}\right) \tag{5.17}$$

のように演算子 $\hat{a}_+$ と $\hat{a}_-$ を用いて簡潔に表すことができます．このとき，シュレーディンガー方程式 (5.8) は

$$\hbar\omega\left(\hat{a}_+\hat{a}_- + \frac{1}{2}\right)\psi(x) = E\psi(x) \tag{5.18}$$

と表せます．

　(5.18) を初めて見ると，$\hat{a}_+$ や $\hat{a}_-$ によるハミルトニアンの書き換えに必然性を感じないと思います．しかし，以下に見るように，演算子 $\hat{a}_+$ と $\hat{a}_-$ の性質を用いることで，ハミルトニアン (5.17) のエネルギー固有状態やエネルギー固有値を簡単に計算することができます．

［例題 5 - 2］　(5.10) で定義される演算子 $\hat{a}_+$ と $\hat{a}_-$ の交換関係

$$[\hat{a}_-,\hat{a}_+] = 1 \tag{5.19}$$

を示しなさい．

［解］　x の任意の関数を $f(x)$ とし，$(\hat{a}_-\hat{a}_+ - \hat{a}_+\hat{a}_-)$ を作用させます．まず，$\hat{a}_-\hat{a}_+$ を計算してみましょう．

$$\hat{a}_-\hat{a}_+f(x) = \frac{1}{2\hbar m\omega}\left[(i\hat{p} + m\omega\hat{x})(-i\hat{p} + m\omega\hat{x})\right]f(x)$$

$$= \frac{1}{2\hbar m\omega}\left[\hat{p}^2 f(x) + im\omega\left(-i\hbar\frac{d}{dx}\right)\hat{x}f(x)\right.$$

$$\left. - im\omega\hat{x}\left(-i\hbar\frac{d}{dx}\right)f(x) + m^2\omega^2\hat{x}^2 f(x)\right]$$

$$= \frac{1}{2\hbar m \omega}\left[\hat{p}^2 f(x) + \hbar m \omega f(x) + \hbar m \omega \hat{x}\frac{df(x)}{dx} \right.$$
$$\left. - \hbar m \omega \hat{x}\frac{df(x)}{dx} + m^2 \omega^2 \hat{x}^2 f(x)\right]$$
$$= \frac{1}{2\hbar m \omega}\left(\hat{p}^2 + \hbar m \omega + m^2 \omega^2 \hat{x}^2\right) f(x) \tag{5.20}$$

$\hat{a}_+ \hat{a}_-$ も同様に計算すると

$$\hat{a}_+ \hat{a}_- f(x) = \frac{1}{2\hbar m \omega}\left(\hat{p}^2 - \hbar m \omega + m^2 \omega^2 \hat{x}^2\right) f(x) \tag{5.21}$$

となるので,

$$[\hat{a}_-, \hat{a}_+] = \hat{a}_- \hat{a}_+ - \hat{a}_+ \hat{a}_- = 1 \tag{5.22}$$

となります. ✦

(5.22) を用いると $\hat{a}_+ \hat{a}_- = \hat{a}_- \hat{a}_+ - 1$ となるので,シュレーディンガー方程式 (5.18) を

$$\hbar \omega \left(\hat{a}_- \hat{a}_+ - \frac{1}{2}\right)\psi(x) = E\psi(x) \tag{5.23}$$

と書き換えることもできます.

5.2.2 生成演算子と消滅演算子

演算子 $\hat{a}_+$ と $\hat{a}_-$ で表されたシュレーディンガー方程式 (5.18) を解くために,まずは $\hat{a}_+$ と $\hat{a}_-$ の性質を調べてみましょう.

シュレーディンガー方程式 (5.18) を満たす波動関数 $\psi(x)$ に対して,演算子 $\hat{a}_+$ を作用させた $\hat{a}_+ \psi(x)$ という波動関数を考え,この波動関数にハミルトニアン (5.17) を作用させると,

$$\hat{H}(\hat{a}_+ \psi) = (E + \hbar \omega)(\hat{a}_+ \psi) \tag{5.24}$$

となります(章末問題 5−2).同様に $\hat{a}_- \psi(x)$ という波動関数を考え,この波動関数にハミルトニアン (5.17) を作用させると

$$\hat{H}(\hat{a}_- \psi) = (E - \hbar \omega)(\hat{a}_- \psi) \tag{5.25}$$

となります（章末問題 5-2）.

(5.24) と (5.25) を見ると, 左辺でハミルトニ
アンが $\hat{a}_+\psi(x)$ や $\hat{a}_-\psi(x)$ に作用すると, 右辺
でそれぞれ $E + \hbar\omega$ と $E - \hbar\omega$ という定数にな
っていることがわかります. つまり, $\hat{a}_+\psi(x)$ や
$\hat{a}_-\psi(x)$ はハミルトニアン (5.17) のエネルギー
固有状態であることがわかります. すなわち,
(5.24) は状態 $\hat{a}_+\psi(x)$ のエネルギー固有値が E
$+ \hbar\omega$ であることを示し, (5.25) は $\hat{a}_-\psi(x)$ のエ
ネルギー固有値が $E - \hbar\omega$ であることを示して
います.

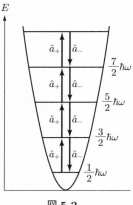

図 5.2

したがって, $\hat{H}\psi(x) = E\psi(x)$ と比較すると, $\hat{a}_+$ はハミルトニアンのエ
ネルギー固有値を $\hbar\omega$ だけ増やす演算子, $\hat{a}_-$ は $\hbar\omega$ だけ減らす演算子であ
ると考えることができます（図 5.2）. これは, $\hat{a}_+$ によりエネルギーの塊
$\hbar\omega$ が生成され, $\hat{a}_-$ によりエネルギーの塊 $\hbar\omega$ が消滅させられている, と
見ることができるため, $\hat{a}_+$ は**生成演算子**, $\hat{a}_-$ は**消滅演算子**といいます.

[例題 5-3] $(\hat{a}_+)^2\psi$ と $(\hat{a}_-)^2\psi$ のエネルギー固有値を計算しなさい.

[解] まず, $(\hat{a}_+)^2\psi$ のエネルギー固有値を計算するため, $(\hat{a}_+)^2\psi$ にハミルト
ニアン (5.17) を作用させます.

$$\hat{H}(\hat{a}_+)^2\psi = \hbar\omega\left(\hat{a}_+\hat{a}_- + \frac{1}{2}\right)\hat{a}_+\hat{a}_+\psi$$

$$= \hbar\omega\left(\hat{a}_+\hat{a}_-\hat{a}_+\hat{a}_+ + \frac{1}{2}\hat{a}_+\hat{a}_+\right)\psi$$

$$= \hbar\omega\hat{a}_+\left(\underbrace{\hat{a}_-\hat{a}_+}_{1 + \hat{a}_+\hat{a}_- \ (\because (5.22))} + \frac{1}{2}\right)\hat{a}_+\psi$$

$$= \hbar\omega\hat{a}_+\left(1 + \hat{a}_+\hat{a}_- + \frac{1}{2}\right)\hat{a}_+\psi$$

$$\overset{(5.17)}{=} \hat{a}_+(\hat{H} + \hbar\omega)\hat{a}_+\psi$$

$$= \hbar\omega\hat{a}_+\hat{a}_+\psi + \hat{a}_+\underbrace{\hat{H}\hat{a}_+\psi}_{(E + \hbar\omega)\hat{a}_+\psi \ (\because (5.24))}$$

$$= \hbar\omega\hat{a}_+\hat{a}_+\psi + \hat{a}_+(E + \hbar\omega)\hat{a}_+\psi$$
$$= (E + 2\hbar\omega)(\hat{a}_+)^2\psi \tag{5.26}$$

となります. これより, $(\hat{a}_+)^2$ によって固有値が $2\hbar\omega$ だけ増えているのがわかります. 生成演算子 $\hat{a}_+$ はエネルギー固有値を $\hbar\omega$ だけ増やす演算子でしたが, $(\hat{a}_+)^2 = \hat{a}_+\hat{a}_+$ は $\hat{a}_+$ を 2 回作用させるため, エネルギー固有値 $\hbar\omega$ が 2 つ, すなわち $2 \times \hbar\omega$ だけ増えたわけです.

次に, $(\hat{a}_-)^2\psi$ のエネルギー固有値を計算します. さきほどと同様にハミルトニアン (5.17) を作用させましょう.

$$\hat{H}(\hat{a}_-)^2\psi = \hbar\omega\left(\underbrace{\hat{a}_+\hat{a}_-}_{\hat{a}_-\hat{a}_+ \,-\, 1 \ (\because (5.19))} + \frac{1}{2}\right)\hat{a}_-\hat{a}_-\psi$$

$$= \hbar\omega\left(\hat{a}_-\hat{a}_+ - 1 + \frac{1}{2}\right)\hat{a}_-\hat{a}_-\psi$$

$$\overset{(5.17)}{=} \hat{a}_-(\hat{H} - \hbar\omega)\hat{a}_-\psi$$

$$= \hat{a}_-\underbrace{\hat{H}\hat{a}_-\psi}_{(E \,-\, \hbar\omega)\hat{a}_-\psi \ (\because (5.25))} - \hbar\omega\hat{a}_-\hat{a}_-\psi$$

$$= \hat{a}_-(E - \hbar\omega)\hat{a}_-\psi - \hbar\omega\hat{a}_-\hat{a}_-\psi$$

$$= (E - 2\hbar\omega)(\hat{a}_-)^2\psi \tag{5.27}$$

となります. 今度は, 消滅演算子 $\hat{a}_-$ が 2 つ作用しているので, 固有値が $2\hbar\omega$ だけ減っているのがわかります. $\hat{a}_-$ はエネルギー固有値を $\hbar\omega$ だけ減らす演算子でしたが, $(\hat{a}_-)^2 = \hat{a}_-\hat{a}_-$ は $\hat{a}_-$ を 2 回作用させるため, エネルギー固有値 $\hbar\omega$ を 2 つ, すなわち $2 \times \hbar\omega$ だけ減らすことになります. ✦

5.2.3 シュレーディンガー方程式を解く:基底状態

それでは, 演算子 $\hat{a}_+$ と $\hat{a}_-$ の性質がわかったので, シュレーディンガー方程式 (5.18) を解いてみましょう. まずは基底状態を求めます. 演算子 $\hat{a}_-$ は, シュレーディンガー方程式 (5.18) を満たすエネルギー固有状態のエネルギーを $\hbar\omega$ だけ小さくする演算子なので, 波動関数に $\hat{a}_-$ を作用させ続けるとエネルギー固有値は $\hbar\omega$ ずつどんどん小さくなり, 最終的にゼロ以下になります. しかし, 調和振動子型ポテンシャル $m\omega^2x^2/2$ の最小値はゼロなので, このポテンシャル中にいる粒子のエネルギーがゼロ以下になることは

ありません. そのため,

$$\hat{a}_- \psi_0(x) = 0 \tag{5.28}$$

となるような波動関数 ψ_0 が存在しなければなりません. そして, この ψ_0 で表される状態よりも小さなエネルギー固有値をもつ状態は存在しないことになるので, 状態 ψ_0 が最も小さなエネルギー固有値をもつ状態, すなわち基底状態となります.

　具体的に ψ_0 を求めてみましょう. $\hat{a}_-$ は (5.10) で定義されているので, これを用いると (5.28) は

$$\frac{1}{\sqrt{2\hbar m\omega}} \left(\hbar \frac{d}{dx} + m\omega x \right) \psi_0(x) = 0 \tag{5.29}$$

となります. この微分方程式を解くと, 一般解は

$$\psi_0(x) = C \exp\left(-\frac{m\omega}{2\hbar} x^2 \right) \tag{5.30}$$

となり, 積分定数 C は波動関数の規格化条件から求めることができます. (5.30) が (5.29) の解であることは, 実際に代入して確認できます (計算は各自にお任せします).

▌**[例題 5 – 4]**　(5.30) の未定定数 C を規格化条件によって定めなさい.

　[解]　波動関数の規格化条件は

$$\int_{-\infty}^{\infty} |\psi_0(x)|^2\, dx = 1 \tag{5.31}$$

なので, これに (5.30) を代入すると

$$|C|^2 \underbrace{\int_{-\infty}^{\infty} \exp\left(-\frac{m\omega}{\hbar} x^2 \right) dx}_{\sqrt{\frac{\pi\hbar}{m\omega}}\ (\because \text{ガウス積分})} = 1$$

$$\longleftrightarrow \quad |C|^2 \sqrt{\frac{\pi\hbar}{m\omega}} = 1$$

$$\therefore \quad C = \left(\frac{m\omega}{\pi\hbar} \right)^{1/4} \tag{5.32}$$

となります ((4.18) と同様の理由で, C は正としました). ここで, 1 行目から 2 行

目の変形では，ガウス積分の公式

$$\int_{-\infty}^{\infty} e^{-\alpha x^2}\,dx = \sqrt{\frac{\pi}{\alpha}} \qquad (ただし，\ \alpha > 0) \tag{5.33}$$

を用いました. ◆

以上より，基底状態の波動関数は

$$\psi_0(x) = \left(\frac{m\omega}{\pi\hbar}\right)^{1/4} \exp\left(-\frac{m\omega}{2\hbar}x^2\right) \tag{5.34}$$

と求まりました. さらに，基底状態のエネルギー固有値 E_0 は，基底状態に対するシュレーディンガー方程式 (5.18) を用いて

$$\hbar\omega\left(\hat{a}_+\hat{a}_- + \frac{1}{2}\right)\psi_0(x) = E_0\psi_0(x) \tag{5.35}$$

から求めることができ，(5.28) の $\hat{a}_-\psi_0 = 0$ に注意すると，

$$\frac{1}{2}\hbar\omega\psi_0(x) = E_0\psi_0(x) \tag{5.36}$$

となるので，

$$E_0 = \frac{1}{2}\hbar\omega \tag{5.37}$$

が得られます.

　この結果から，井戸型ポテンシャルのときと同様に，調和振動子型ポテンシャルでもエネルギーの最低値（ゼロ点エネルギー）はゼロにならないことがわかります. そして特に，調和振動子型ポテンシャル中のゼロ点エネルギーに対応する状態を**ゼロ点振動**といいます.

　波動関数が得られたので，期待値の計算をしてみましょう.

[例題 5 - 5]　調和振動子型ポテンシャルの基底状態 ψ_0 に対して，期待値 $\langle x \rangle, \langle x^2 \rangle, \langle p \rangle, \langle p^2 \rangle$ を計算しなさい. また，その結果を用いて，位置と運動量の不確かさの積 $\Delta x \Delta p$ を計算しなさい.

[解]　期待値の定義 (3.18) に従って計算していきます.

$$\langle x \rangle = \int_{-\infty}^{\infty} \psi_0^* \hat{x} \psi_0 \, dx$$

$$= \sqrt{\frac{m\omega}{\pi\hbar}} \underbrace{\int_{-\infty}^{\infty} x \exp\left(-\frac{m\omega}{\hbar}x^2\right) \, dx}_{0 \ (\because \text{被積分関数が奇関数})}$$

$$= 0 \tag{5.38}$$

$$\langle x^2 \rangle = \int_{-\infty}^{\infty} \psi_0^* \hat{x}^2 \psi_0 \, dx$$

$$= \sqrt{\frac{m\omega}{\pi\hbar}} \int_{-\infty}^{\infty} x^2 \exp\left(-\frac{m\omega}{\hbar}x^2\right) \, dx \tag{5.39}$$

ここで，

$$\int_{-\infty}^{\infty} x^2 e^{-\alpha x^2} \, dx = -\frac{d}{d\alpha} \int_{-\infty}^{\infty} e^{-\alpha x^2} \, dx \qquad (\text{ただし，} \alpha > 0) \tag{5.40}$$

という関係に注意し，ガウス積分の公式 (5.33) を用いると

$$\int_{-\infty}^{\infty} x^2 e^{-\alpha x^2} \, dx = \frac{1}{2}\sqrt{\frac{\pi}{\alpha^3}} \tag{5.41}$$

が得られます．したがって，$\alpha = m\omega/\hbar$ を代入すると

$$\langle x^2 \rangle = \frac{1}{2}\frac{\hbar}{m\omega} \tag{5.42}$$

となります．

$$\langle p \rangle = \int_{-\infty}^{\infty} \psi_0^* \hat{p} \psi_0 \, dx$$

$$= \sqrt{\frac{m\omega}{\pi\hbar}} \int_{-\infty}^{\infty} \exp\left(-\frac{m\omega}{2\hbar}x^2\right)\left(-i\hbar\frac{d}{dx}\right)\exp\left(-\frac{m\omega}{2\hbar}x^2\right) \, dx$$

$$= im\omega\sqrt{\frac{m\omega}{\pi\hbar}} \underbrace{\int_{-\infty}^{\infty} x \exp\left(-\frac{m\omega}{\hbar}x^2\right) \, dx}_{0 \ (\because \text{被積分関数が奇関数})}$$

$$= 0 \tag{5.43}$$

$$\langle p^2 \rangle = \int_{-\infty}^{\infty} \psi_0^* \hat{p}^2 \psi_0 \, dx$$

$$= \sqrt{\frac{m\omega}{\pi\hbar}} \int_{-\infty}^{\infty} \exp\left(-\frac{m\omega}{2\hbar}x^2\right)\left(-\hbar^2\frac{d^2}{dx^2}\right)\exp\left(-\frac{m\omega}{2\hbar}x^2\right) \, dx$$

$$= m\omega\hbar\sqrt{\frac{m\omega}{\pi\hbar}}\underbrace{\int_{-\infty}^{\infty}\exp\left(-\frac{m\omega}{\hbar}x^2\right)dx}_{\sqrt{\frac{\pi\hbar}{m\omega}}\ (\because\ (5.33))}$$

$$- (m\omega)^2\sqrt{\frac{m\omega}{\pi\hbar}}\underbrace{\int_{-\infty}^{\infty}x^2\exp\left(-\frac{m\omega}{\hbar}x^2\right)dx}_{\frac{1}{2}\sqrt{\frac{\pi\hbar^3}{m^3\omega^3}}\ (\because\ (5.41))}$$

$$= m\omega\hbar - \frac{m\omega\hbar}{2}$$

$$= \frac{m\omega\hbar}{2} \tag{5.44}$$

以上の結果と (4.27) の関係式を用いると

$$\Delta x\,\Delta p = \sqrt{\langle x^2\rangle - \langle x\rangle^2}\,\sqrt{\langle p^2\rangle - \langle p\rangle^2}$$

$$= \sqrt{\frac{\hbar}{2m\omega}\frac{m\omega\hbar}{2}} = \frac{\hbar}{2} \tag{5.45}$$

となります.   ✦

5.2.4 シュレーディンガー方程式を解く：励起状態

$\hat{a}_+\psi(x)$ に対するシュレーディンガー方程式 (5.24) より，シュレーディンガー方程式 (5.18) を満たす波動関数 $\psi(x)$ に対して，$\hat{a}_+\psi(x)$ は $\psi(x)$ よりもエネルギー固有値が $\hbar\omega$ だけ大きい状態であることがわかります. すると，第 n 励起状態の波動関数 $\psi_n(x)$ は，次のように基底状態の波動関数 $\psi_0(x)$ に $\hat{a}_+$ を n 回作用させることで得られます.

$$\psi_n(x) = A_n\,(\hat{a}_+)^n\,\psi_0(x) \tag{5.46}$$

ここで，A_n は状態 n ごとに決まる規格化定数です. この波動関数にハミルトニアンを作用させると

$$\hat{H}\psi_n(x) = \hat{H}A_n\,(\hat{a}_+)^n\,\psi_0(x)$$

$$= A_n\hat{H}\,(\hat{a}_+)^n\,\psi_0(x) \tag{5.47}$$

となるので，例題 5 - 3 の計算と同様にして（ただし，ここでは $\psi_0(x)$ に作用させているので，(5.26) の E を基底状態を表す $E_0 = \dfrac{1}{2}\hbar\omega$ とします）

$$
\begin{aligned}
((5.47) \text{ の右辺}) &= A_n \left(\frac{1}{2}\hbar\omega + n\hbar\omega \right) (\hat{a}_+)^n \psi_0(x) \\
&= \left(n + \frac{1}{2} \right) \hbar\omega A_n (\hat{a}_+)^n \psi_0(x) \\
&= \left(n + \frac{1}{2} \right) \hbar\omega \psi_n(x)
\end{aligned}
\tag{5.48}
$$

と求まり，各状態に対応するエネルギー固有値が

$$
E_n = \left(n + \frac{1}{2} \right) \hbar\omega \qquad (n = 0, 1, 2, \cdots)
\tag{5.49}
$$

となることがわかります.

　このようにして，調和振動子型ポテンシャルの励起状態のエネルギー固有状態とエネルギー固有値を求めることができました. 規格化定数 A_n が未定のままですが，これは規格化条件を課すことで求めることができます. 例題 5 - 6 と 5 - 7 で，まずは第 1 励起状態の波動関数を求め，さらにその波動関数を用いて期待値を計算してみましょう. 一般の第 n 励起状態に対して A_n を求めるのは少し複雑ですが，それも例題 5 - 8 で求めてみましょう.

[例題 5 - 6]　調和振動子型ポテンシャルの第 1 励起状態 ψ_1 の波動関数を求めなさい.

　[解]　$\hat{a}_+$ で表された第 n 励起状態の波動関数 (5.46) と基底状態の波動関数 (5.34) と $\hat{a}_+$ の定義式 (5.10) を用いると，第 1 励起状態の波動関数は

$$
\begin{aligned}
\psi_1(x) &= A_1 \hat{a}_+ \psi_0(x) \\
&= A_1 \frac{1}{\sqrt{2\hbar m\omega}} \left(-\hbar \frac{d}{dx} + m\omega x \right) \left(\frac{m\omega}{\pi\hbar} \right)^{1/4} \exp\left(-\frac{m\omega}{2\hbar} x^2 \right) \\
&= A_1 \left(\frac{m\omega}{\pi\hbar} \right)^{1/4} \sqrt{\frac{2m\omega}{\hbar}}\, x \exp\left(-\frac{m\omega}{2\hbar} x^2 \right)
\end{aligned}
\tag{5.50}
$$

となります. この波動関数を規格化して A_1 を決めるためには

$$\int_{-\infty}^{\infty} |\psi_1(x)|^2 \, dx = |A_1|^2 \sqrt{\frac{m\omega}{\pi\hbar}} \left(\frac{2m\omega}{\hbar}\right) \underbrace{\int_{-\infty}^{\infty} x^2 \exp\left(-\frac{m\omega}{\hbar}x^2\right) \, dx}_{\frac{1}{2}\sqrt{\frac{\pi\hbar^3}{m^3\omega^3}} \ (\because (5.41))}$$

$$= |A_1|^2 \tag{5.51}$$

が 1 に等しければよいので, $A_1 = 1$ が得られます ((4.18) と同様の理由で, A_1 は正としました). したがって, 第 1 励起状態の波動関数は,

$$\psi_1(x) = \hat{a}_+ \psi_0(x) = \left(\frac{m\omega}{\pi\hbar}\right)^{1/4} \sqrt{\frac{2m\omega}{\hbar}} x \exp\left(-\frac{m\omega}{2\hbar}x^2\right) \tag{5.52}$$

となります. ✦

［例題 5－7］ 調和振動子型ポテンシャルの第 1 励起状態 ψ_1 に対して, 期待値 $\langle x \rangle, \langle x^2 \rangle, \langle p \rangle, \langle p^2 \rangle$ を計算しなさい.

［解］ 例題 5－5 で求めた基底状態の期待値と同様に, 期待値の定義 (3.18) に従って計算します.

$$\langle x \rangle = \int_{-\infty}^{\infty} \psi_1^* \hat{x} \psi_1 \, dx$$

$$= \sqrt{\frac{m\omega}{\pi\hbar}} \frac{2m\omega}{\hbar} \underbrace{\int_{-\infty}^{\infty} x^3 \exp\left(-\frac{m\omega}{\hbar}x^2\right) \, dx}_{0 \ (\because \ 被積分関数が奇関数)}$$

$$= 0 \tag{5.53}$$

$$\langle x^2 \rangle = \int_{-\infty}^{\infty} \psi_1^* \hat{x}^2 \psi_1 \, dx = \sqrt{\frac{m\omega}{\pi\hbar}} \frac{2m\omega}{\hbar} \int_{-\infty}^{\infty} x^4 \exp\left(-\frac{m\omega}{\hbar}x^2\right) \, dx \tag{5.54}$$

ここで,

$$\int_{-\infty}^{\infty} x^4 e^{-\alpha x^2} \, dx = -\frac{d}{d\alpha} \int_{-\infty}^{\infty} x^2 e^{-\alpha x^2} \, dx \qquad (ただし, \ \alpha > 0) \tag{5.55}$$

という関係に注意し, この右辺に (5.41) の結果を用いると

$$\int_{-\infty}^{\infty} x^4 e^{-\alpha x^2} \, dx = \frac{3}{4} \sqrt{\frac{\pi}{\alpha^5}} \tag{5.56}$$

が得られます. $\alpha = m\omega/\hbar$ を代入すれば

$$\langle x^2 \rangle = \frac{3}{2}\frac{\hbar}{m\omega} \tag{5.57}$$

となります.

$$
\begin{aligned}
\langle p \rangle &= \int_{-\infty}^{\infty} \psi_1^* \hat{p}\, \psi_1 \, dx \\
&= \sqrt{\frac{m\omega}{\pi\hbar}}\frac{2m\omega}{\hbar}\int_{-\infty}^{\infty} x \exp\left(-\frac{m\omega}{2\hbar}x^2\right)\left(-i\hbar\frac{d}{dx}\right)\left[x\exp\left(-\frac{m\omega}{2\hbar}x^2\right)\right] dx \\
&= \sqrt{\frac{m\omega}{\pi\hbar}}\frac{2m\omega}{\hbar}\Biggl[-i\hbar\underbrace{\int_{-\infty}^{\infty}x\exp\left(-\frac{m\omega}{\hbar}x^2\right)dx}_{0\ (\because\ 被積分関数が奇関数)} \\
&\qquad\qquad\qquad\qquad + im\omega\underbrace{\int_{-\infty}^{\infty}x^3\exp\left(-\frac{m\omega}{\hbar}x^2\right)dx}_{0\ (\because\ 被積分関数が奇関数)}\Biggr] \\
&= 0 \tag{5.58}
\end{aligned}
$$

$$
\begin{aligned}
\langle p^2 \rangle &= \int_{-\infty}^{\infty} \psi_1^* \hat{p}^2\, \psi_1 \, dx \\
&= \sqrt{\frac{m\omega}{\pi\hbar}}\frac{2m\omega}{\hbar}\int_{-\infty}^{\infty} x \exp\left(-\frac{m\omega}{2\hbar}x^2\right)\left(-\hbar^2\frac{d^2}{dx^2}\right)\left[x\exp\left(-\frac{m\omega}{2\hbar}x^2\right)\right] dx \\
&= -2m\omega\hbar\sqrt{\frac{m\omega}{\pi\hbar}}\Biggl[-\frac{3m\omega}{\hbar}\underbrace{\int_{-\infty}^{\infty}x^2\exp\left(-\frac{m\omega}{\hbar}x^2\right)dx}_{\frac{1}{2}\sqrt{\frac{\pi\hbar^3}{m^3\omega^3}}\ (\because\ (5.41))} \\
&\qquad\qquad\qquad + \left(\frac{m\omega}{\hbar}\right)^2\underbrace{\int_{-\infty}^{\infty}x^4\exp\left(-\frac{m\omega}{\hbar}x^2\right)dx}_{\frac{3}{4}\sqrt{\frac{\pi\hbar^5}{m^5\omega^5}}\ (\because\ (5.56))}\Biggr] \\
&= \frac{3m\omega\hbar}{2} \tag{5.59}
\end{aligned}
$$

✦

[例題 5 - 8]　規格化条件から (5.46) の規格化定数 A_n を決めなさい.

　[解]　$\hat{a}_+\psi$ に対するシュレーディンガー方程式 (5.24) と $\hat{a}_-\psi$ に対するシュレーディンガー方程式 (5.25) より, $\hat{a}_+$ はエネルギー固有値を E_n から E_{n+1} にし, $\hat{a}_-$ は E_n から E_{n-1} にします. それに応じて, エネルギー固有状態はそれぞれ ψ_n から ψ_{n+1}, ψ_n から ψ_{n-1} に変わるので,

$$\hat{a}_+\psi_n(x) = c_n\psi_{n+1}(x) \tag{5.60}$$

$$\hat{a}_-\psi_n(x) = d_n\psi_{n-1}(x) \tag{5.61}$$

と書くことができます. ここで, c_n や d_n は後で決まる定数です.

ところで, x の任意の関数 $f(x)$ と $g(x)$ に対して,

$$\int_{-\infty}^{\infty} f^*(x)[\hat{a}_\pm g(x)]\,dx = \int_{-\infty}^{\infty} [\hat{a}_\mp f(x)]^* g(x)\,dx \tag{5.62}$$

という関係が成り立つので (章末問題 5 - 3),

$$\int_{-\infty}^{\infty} [\hat{a}_\pm\psi_n(x)]^*[\hat{a}_\pm\psi_n(x)]\,dx = \int_{-\infty}^{\infty} [\hat{a}_\mp\hat{a}_\pm\psi_n(x)]^*\psi_n(x)\,dx \tag{5.63}$$

となります.

また, (5.18), (5.23), (5.49) を用いると

$$\hat{a}_+\hat{a}_-\psi_n(x) = n\psi_n(x) \tag{5.64}$$

$$\hat{a}_-\hat{a}_+\psi_n(x) = (n+1)\psi_n(x) \tag{5.65}$$

という関係が成り立つことがわかります (章末問題 5 - 4).

さて, まず (5.63) のプラスの符号の場合について考えます. (5.63) の左辺に (5.60) を代入すると

$$\begin{aligned}
\int_{-\infty}^{\infty} [\hat{a}_+\psi_n(x)]^*[\hat{a}_+\psi_n(x)]\,dx &= \int_{-\infty}^{\infty} [c_n\psi_{n+1}(x)]^*[c_n\psi_{n+1}(x)]\,dx \\
&= \int_{-\infty}^{\infty} c_n^*\psi_{n+1}^*(x)c_n\psi_{n+1}(x)\,dx \\
&= |c_n|^2 \int_{-\infty}^{\infty} |\psi_{n+1}(x)|^2\,dx \tag{5.66}
\end{aligned}$$

が得られ, (5.63) の右辺に (5.65) を代入すると

$$\int_{-\infty}^{\infty} [\hat{a}_-\hat{a}_+\psi_n(x)]^*\psi_n(x)\,dx = (n+1)\int_{-\infty}^{\infty} |\psi_n(x)|^2\,dx \tag{5.67}$$

となります. これらの右辺同士が等しいので, $|c_n|^2 = (n+1)$ となり, $c_n = \sqrt{n+1}e^{i\theta}$ が得られます. ここで, θ は任意の実数ですが, (4.18) のときと同様に $\theta = 0$ とします. したがって, $c_n = \sqrt{n+1}$ となります.

同様にして, (5.63) のマイナスの符号の場合について考えます. (5.63) の左辺に (5.61) を代入すると

$$\int_{-\infty}^{\infty} [\hat{a}_-\psi_n(x)]^*[\hat{a}_-\psi_n(x)]\,dx = |d_n|^2 \int_{-\infty}^{\infty} |\psi_{n-1}(x)|^2\,dx \tag{5.68}$$

が得られ, (5.63) の右辺に (5.65) を代入すると

$$\int_{-\infty}^{\infty} [\hat{a}_+\hat{a}_-\psi_n(x)]^* \psi_n(x)\, dx = n \int_{-\infty}^{\infty} |\psi_{n-1}(x)|^2\, dx \tag{5.69}$$

となります．これらの右辺同士が等しいので，$|d_n|^2 = n$ となりますが，$\theta = 0$ として，$d_n = \sqrt{n}$ が得られます．

以上より，(5.60) と (5.61) は

$$\hat{a}_+\psi_n(x) = \sqrt{n+1}\,\psi_{n+1}(x) \tag{5.70}$$

$$\hat{a}_-\psi_n(x) = \sqrt{n}\,\psi_{n-1}(x) \tag{5.71}$$

となります．そして，(5.46) に $n = 0$ から順番に (5.70) を代入すると

$$\psi_1(x) = \hat{a}_+\psi_0(x) \tag{5.72}$$

$$\psi_2(x) = \frac{1}{\sqrt{2}}\hat{a}_+\psi_1(x) = \frac{1}{\sqrt{2}}(\hat{a}_+)^2\psi_0(x) \tag{5.73}$$

$$\psi_3(x) = \frac{1}{\sqrt{3}}\hat{a}_+\psi_2(x) = \frac{1}{\sqrt{3\cdot 2}}(\hat{a}_+)^3\psi_0(x) \tag{5.74}$$

$$\psi_4(x) = \frac{1}{\sqrt{4}}\hat{a}_+\psi_3(x) = \frac{1}{\sqrt{4\cdot 3\cdot 2}}(\hat{a}_+)^4\psi_0(x) \tag{5.75}$$

$$\vdots$$

となるので，第 n 励起状態の波動関数は

$$\psi_n(x) = \frac{1}{\sqrt{n!}}(\hat{a}_+)^n\psi_0(x) \tag{5.76}$$

となることがわかります．すなわち，(5.46) の A_n は $A_n = \dfrac{1}{\sqrt{n!}}$ となります．　◆

5.2.5　エルミート関数で表された波動関数

　任意の励起状態の波動関数は，基底状態の波動関数で表された (5.76) を用いて 1 つずつ地道に計算すれば求めることができます．しかし，第 1 励起状態くらいまでならよいですが，それ以上の励起状態について計算するのは大変です．そこで，ここでは任意の励起状態の波動関数は，**エルミート関数**という特殊関数[1]を用いて表現できることを見ていきます．

---

　[1]　特殊関数とは，sin や cos や log などの初等関数と異なり，微分方程式の解や初等関数の積分などの形で表される関数のことです．エルミート関数の他にも，ベッセル関数やルジャンドル関数など多くの特殊関数があり，物理学でもよく使われます．様々な便利な性質や公式があるので，必要に応じて調べて使えばよいでしょう．

まず，x から新しい変数 ξ に変数変換するために

$$\xi = \sqrt{\frac{m\omega}{\hbar}}\, x \tag{5.77}$$

とおくと，(5.10) の演算子 $\hat{a}_+$ は

$$\hat{a}_+ = \frac{1}{\sqrt{2}}\left(\xi - \frac{d}{d\xi}\right) \tag{5.78}$$

となります．さらに，次の例題 5 - 9 で確認できるように

$$\hat{a}_+ = -\frac{1}{\sqrt{2}}\, e^{\xi^2/2}\, \frac{d}{d\xi}\, e^{-\xi^2/2} \tag{5.79}$$

と書くこともできます．

[例題 5 - 9] 任意の関数 $f(\xi)$ に (5.79) の $\hat{a}_+$ を作用させると (5.78) となることを確かめなさい．

[解] 素直に計算すれば確かめられます．

$$\begin{aligned}
\hat{a}_+ f(\xi) &= -\frac{1}{\sqrt{2}}\, e^{\xi^2/2}\, \frac{d}{d\xi}\left(e^{-\xi^2/2} f(\xi)\right) \\
&= -\frac{1}{\sqrt{2}}\, e^{\xi^2/2}\left[-\xi e^{-\xi^2/2} f(\xi)\right] - \frac{1}{\sqrt{2}}\, e^{\xi^2/2} e^{-\xi^2/2}\, \frac{df(\xi)}{d\xi} \\
&= \frac{1}{\sqrt{2}}\left(\xi - \frac{d}{d\xi}\right) f(\xi)
\end{aligned} \tag{5.80}$$

♦

ところで，基底状態の波動関数 (5.34) は ξ を用いると

$$\psi_0(\xi) = \left(\frac{m\omega}{\pi\hbar}\right)^{1/4} e^{-\xi^2/2} \tag{5.81}$$

となります．(5.76) より，$\psi_n(x)$ は ψ_0 に $(\hat{a}_+)^n$ を作用させて $\sqrt{n!}$ で割った関数なので，(5.79) を用いて $\psi_n(\xi)$ に書き換えると

$$\psi_n(\xi) = \frac{1}{\sqrt{n!}}\left(\frac{m\omega}{\pi\hbar}\right)^{1/4}\left(-\frac{1}{\sqrt{2}}\, e^{\xi^2/2}\, \frac{d}{d\xi}\, e^{-\xi^2/2}\right)^n e^{-\xi^2/2} \tag{5.82}$$

となります．ξ に関して非常に複雑な関数に見えますが，特殊関数である**エルミート関数**

$$H_n(\xi) = e^{\xi^2} \left(-\frac{d}{d\xi} \right)^n e^{-\xi^2} \tag{5.83}$$

を導入すると，(5.82) の波動関数は

$$\psi_n(\xi) = \frac{1}{\sqrt{2^n n!}} \left(\frac{m\omega}{\pi\hbar} \right)^{1/4} e^{-\xi^2/2} H_n(\xi) \tag{5.84}$$

とコンパクトに表現することができます．

例えば，$n = 0, 1, 2$ についてエルミート関数の具体的な形を書くと

$$H_0(\xi) = 1 \tag{5.85}$$

$$H_1(\xi) = 2\xi \tag{5.86}$$

$$H_2(\xi) = 4\xi^2 - 2 \tag{5.87}$$

となり，波動関数は，

$$\psi_0(\xi) = \left(\frac{m\omega}{\pi\hbar} \right)^{1/4} e^{-\xi^2/2} \tag{5.88}$$

$$\psi_1(\xi) = \left(\frac{4m\omega}{\pi\hbar} \right)^{1/4} e^{-\xi^2/2} \xi \tag{5.89}$$

$$\psi_2(\xi) = \left(\frac{m\omega}{4\pi\hbar} \right)^{1/4} e^{-\xi^2/2} (2\xi^2 - 1) \tag{5.90}$$

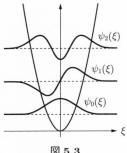

図 5.3

となります．これらの波動関数を図示すると図 5.3 のようになります．

5.3 束縛状態

これまで，井戸型ポテンシャルと調和振動子型ポテンシャル中の粒子の量子力学的な性質を調べてきました．いずれも粒子のエネルギー固有値は離散的になるという特徴がありましたが，これはポテンシャルに閉じ込められた（＝ 束縛された）量子力学的な粒子の基本的な性質です．このように，連続的ではなくとびとびのエネルギー固有値をもつ状態を**束縛状態**といいます．

井戸型ポテンシャルや調和振動子型ポテンシャルに限らず，ポテンシャルに束縛された粒子を量子力学的に扱うと，そのエネルギー固有値は離散的になります．本書では，他のポテンシャル中の束縛状態については扱いませんが，他の代表的な束縛状態としては，原子の中の電子の状態があります．

　例えば，原子核によるクーロンポテンシャル中の電子のエネルギー固有値
も離散化され，とびとびの値をもつのです．特に，最も簡単な原子である水
素原子に対する電子のエネルギー固有値の理解は，量子力学の形成において
最も重要なステップの1つでした．井戸型ポテンシャルや調和振動子型ポテ
ンシャルの場合に比べ，数学的な取り扱いはかなり難しくなりますが，水
素原子中の電子のエネルギー固有値も，境界条件のもとでシュレーディン
ガー方程式を解析的に解くことで求めることができます．より進んだ量子力
学のテキストには書いてあることが多いので，興味のある方はぜひ勉強して
みてください．

章 末 問 題

5-1　調和振動子型ポテンシャルの基底状態 (5.34) に対して，運動エネルギー
$K = \dfrac{\hat{p}^2}{2m}$ とポテンシャルエネルギー $V = \dfrac{m\omega^2}{2}\hat{x}^2$ の期待値が $\langle K \rangle = \langle V \rangle$ を満た
すことを示しなさい．

5-2　$\hat{a}_+\psi$ に対するシュレーディンガー方程式 (5.24) と $\hat{a}_-\psi$ に対するシュ
レーディンガー方程式 (5.25) を示しなさい．

5-3　$\hat{a}_\pm$ と任意の関数 $f(x), g(x)$ に成り立つ関係式 (5.62) を示しなさい．

5-4　$\hat{a}_+\hat{a}_-\psi_n(x)$ に対して成り立つ関係式 (5.64) と $\hat{a}_-\hat{a}_+\psi_n(x)$ に対して成
り立つ関係式 (5.65) を示しなさい．

電磁場の量子化と光子

　調和振動子型ポテンシャルは様々な自然現象に関わることを述べました．その関わりは想像以上に広く，我々の身の回りの空間にも無数の調和振動子が存在しています．

　電磁気学で，電磁波について学んだと思います．電磁波は，電場と磁場が光の速さで空間を伝わる波動です．粒子を量子力学的に扱うと，波動としての性質ももつことを学びましたが，逆に，波動を量子力学で扱うと，粒子としての性質ももつようになります．このように考えると，電磁波は，量子力学的に扱うと光子（フォトン）とよばれる粒子になります．この考えは正しく，もともと，アインシュタインが電磁波を光子と見なしたことで，光電効果の説明に成功し，量子力学の発見につながりました．

　光子の従うハミルトニアンは，調和振動子のハミルトニアン (5.17) と全く同じになり，エネルギーの塊 $\hbar\omega$ が光子1つのエネルギーになります．そして，電磁波は空間中のどこにでも存在しているため，光子も空間中のどこにでも存在します．その結果，光子を表す調和振動子が空間中に無数に存在していると考えることができるのです．

　物質に電磁波を照射すると，物質と電磁波が相互作用し，物質は電磁波を吸収したり放出したりします．この相互作用を利用したものが，レーザーやLED などの重要な技術につながっています．本書では扱いませんが，この相互作用は，物質中の電子と，電磁波を表す光子との相互作用として表現することができ，光エレクトロニクスの基礎として極めて重要です．

シュレーディンガー方程式を 解く（III）

〜散乱問題〜

　前章までは，粒子がポテンシャルにより閉じ込められ，エネルギー固有値が離散的になるような状態，すなわち束縛状態について考えてきました．一方で，粒子がポテンシャルに閉じ込められていない状態も存在します．そのような状態では，エネルギーが離散的ではなく連続的に変化します．この章では，そのような状態の例として，粒子をポテンシャルの壁に打ち込み，衝突した後の状態を調べます．このような問題を**散乱問題**といいます．散乱問題により，典型的な量子力学的効果である**トンネル効果**を学ぶことができます．

　なお，この章は後半の統計力学の内容とは直接関係しないので，はじめは読み飛ばしても構いません．

6.1　1次元の散乱問題

　図6.1のようなポテンシャルの壁（**ポテンシャル障壁**といいます）に向かって，左（$x = -\infty$）からエネルギー E，質量 m の粒子を x 軸に沿って入射したときの粒子の運動を考えてみましょう．このポテンシャルは

$$V(x) = \begin{cases} 0 & (x \leq 0)：領域1 \\ V_0 & (x > 0)：領域2 \end{cases} \tag{6.1}$$

と表すことができます．

　まず，古典力学に従う粒子の場合について考えてみます．$E > V_0$ の場合は，粒子のエネルギーはポテンシャルよりも大きいので，粒子は領域1からポテンシャルを飛び越えて領域2に進んでいきます．一方，$E < V_0$ の場合は，粒子のエネルギーはポテンシャルよりも小さいのでポテンシャルを越えることができず，$x = 0$ で跳ね返され，領域1を $x = -\infty$ に向かって進むことになります．

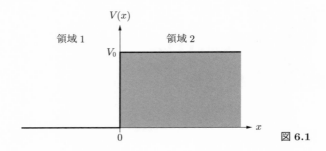

図 6.1

　それでは，量子力学に従う粒子ではどうなるでしょうか？　以下では，このポテンシャルに対する時間に依存しないシュレーディンガー方程式を $E > V_0$ と $E < V_0$ の場合に分けて解き，粒子の運動について調べます．

6.1.1　$E > V_0$ の場合

シュレーディンガー方程式と一般解

　領域 1 での波動関数を $\psi_1(x)$ とすると，シュレーディンガー方程式は (2.25) より

$$-\frac{\hbar^2}{2m}\frac{d^2}{dx^2}\psi_1(x) = E\,\psi_1(x) \tag{6.2}$$

となりますが，方程式を見やすくするために左辺の微分記号の前の係数を右辺に移項し，

$$\frac{d^2}{dx^2}\psi_1(x) = -\frac{2mE}{\hbar^2}\psi_1(x) = -k_1^2\,\psi_1(x) \tag{6.3}$$

と書き換えます．ここで，k_1 を

$$k_1 = \frac{\sqrt{2mE}}{\hbar} \tag{6.4}$$

で定義しました．この微分方程式の解は，三角関数の $\sin(k_1 x)$ や $\cos(k_1 x)$，あるいは指数関数の $e^{ik_1 x}$ や $e^{-ik_1 x}$ で与えられることが，代入してみると確認できます．ただし，(6.3) は 2 階の微分方程式なので，一般解は 2 つの積分定数（A，B とします）を用いたこれらの重ね合わせになります．ここでは，指数関数の重ね合わせで一般解を表し，

$$\psi_1(x) = Ae^{ik_1 x} + Be^{-ik_1 x} \tag{6.5}$$

としましょう.

　同様に,領域 2 での波動関数を $\psi_2(x)$ とすると,シュレーディンガー方程式は

$$\left(-\frac{\hbar^2}{2m}\frac{d^2}{dx^2} + V_0 \right)\psi_2(x) = E\,\psi_2(x) \tag{6.6}$$

となりますが,

$$\frac{d^2}{dx^2}\psi_2(x) = -\frac{2m(E - V_0)}{\hbar^2}\psi_2(x) = -k_2^2\,\psi_2(x) \tag{6.7}$$

と書き換えられるので,一般解は

$$\psi_2(x) = Ce^{ik_2 x} + De^{-ik_2 x} \tag{6.8}$$

と与えられます.ここで,C と D は積分定数,k_2 は

$$k_2 = \frac{\sqrt{2m(E - V_0)}}{\hbar} \tag{6.9}$$

となります.

　領域 1 と領域 2 の一般解 (6.5), (6.8) の形を見ると,いずれも

$$\psi(x) = \alpha e^{ikx} + \beta e^{-ikx} \tag{6.10}$$

という形をしています.右辺第 1 項は,x 軸を正の向きに波数 k で進む波を表し,第 2 項は x 軸を負の向きに波数 k で進む波を表しています.したがって,一般解は右向きに進む波と左向きに進む波の重ね合わせで表されていることになります.

境界条件と波動関数の接続条件

　一般解が求まったので,次に積分定数 A, B, C, D を図 6.1 の状況に合わせて決めていく必要があります.まず,領域 2 では,左側に進む波はありませんので,(6.8) において $D = 0$ でなければなりません.すなわち

$$\psi_2(x) = Ce^{ik_2 x} \tag{6.11}$$

となります.

　次に，領域 1 と領域 2 がつながる点 $x = 0$ において，波動関数が満たすべき条件を考えてみましょう. 次の例題 6-1 にあるように，有限のポテンシャルに対しては，ポテンシャルの端で波動関数はなめらかである（連続かつ微分係数が等しい），という性質があります.

［例題 6-1］ ポテンシャルが有限のとき，領域の境界である $x = 0$ で波動関数はなめらかであることを示しなさい.

　［解］ 波動関数が $x = 0$ でなめらかであることを示すためには，数学的には x の正の方向と負の方向から $x \to 0$ の極限をとったとき，波動関数の微分係数が一致することを示せばよいです. そこで，$x = 0$ を中心に微小量 ϵ (> 0) の幅を考えて，シュレーディンガー方程式 (2.25) を 1 次元にしたものの両辺を区間 $[0 - \epsilon/2, 0 + \epsilon/2]$ で積分し，最終的に $\epsilon \to 0$ の極限をとります（数学的なテクニックです）.

　積分した結果は

$$-\frac{\hbar^2}{2m}\left(\left.\frac{\partial\psi(x)}{\partial x}\right|_{x\,=\,0+\epsilon/2} - \left.\frac{\partial\psi(x)}{\partial x}\right|_{x\,=\,0-\epsilon/2}\right) + \psi(0)\int_{0-\epsilon/2}^{0+\epsilon/2} V(x)\,dx$$

$$= \epsilon E \psi(0) \tag{6.12}$$

となります. $\epsilon \to 0$ の極限をとると右辺はゼロになり，$V(x)$ が $x = 0$ で有限であれば，左辺の第 3 項もゼロになります. その結果,

$$\left.\frac{\partial\psi(x)}{\partial x}\right|_{x\,=\,-0} = \left.\frac{\partial\psi(x)}{\partial x}\right|_{x\,=\,+0} \tag{6.13}$$

が得られます. ここで，$x = -0$ $(+0)$ は x 軸の負（正）からゼロの極限をとることを表します.

　以上より，ポテンシャルが $x = 0$ で有限であれば波動関数の微分係数が一致するので，波動関数はその点でなめらかであることが示せました.　　　　　◆

　したがって，いまの場合，領域の境界である $x = 0$ で波動関数は連続かつ微分係数が等しい，ということになるので

$$\text{波動関数が連続} \quad \longleftrightarrow \quad \psi_1(0) = \psi_2(0) \tag{6.14}$$

$$\text{波動関数の微分係数が等しい} \quad \longleftrightarrow \quad \left.\frac{d\psi_1(x)}{dx}\right|_{x=0} = \left.\frac{d\psi_2(x)}{dx}\right|_{x=0} \tag{6.15}$$

という条件が得られます．このような条件を，**波動関数の接続条件**といいます．

ここで，波動関数 (6.5) と (6.8) に対して，接続条件 (6.14) を用いると

$$A + B = C \tag{6.16}$$

が得られ，接続条件 (6.15) を用いると

$$k_1(A - B) = k_2 C \tag{6.17}$$

が得られます．したがって (6.16) と (6.17) より，B と C を A で表すと

$$B = \frac{k_1 - k_2}{k_1 + k_2} A \tag{6.18}$$

$$C = \frac{2k_1}{k_1 + k_2} A \tag{6.19}$$

となります．

反射率と透過率

さて，いま興味があるのは，$x = -\infty$ から飛んできた粒子がポテンシャルに衝突した後どのように振る舞うかということです．そこで，粒子の流れに注目してみましょう．

粒子の流れは，確率流密度 (2.42) で表されます．(2.42) では，時間に依存する波動関数 $\Psi(x, t)$ を用いて表されていますが，2.2 節で説明したように，Ψ は時間に依存しないシュレーディンガー方程式 $\psi(x)$ を用いて $\Psi(x, t) = e^{-iEt/\hbar}\psi(x)$ と書けるので

$$j(x) = \frac{\hbar}{2im}\left\{ \psi^*(x)\frac{d\psi(x)}{dx} - \left[\psi^*(x)\frac{d\psi(x)}{dx} \right]^* \right\} = \frac{\hbar}{m}\,\mathrm{Im}\left[\psi^*(x)\frac{d\psi(x)}{dx} \right] \tag{6.20}$$

と表せます．ここで $\mathrm{Im}\,[\alpha]$ は α の虚部を表す記号です．

領域 1 の波動関数の一般解 (6.5) と領域 2 の波動関数の一般解 (6.11) を (6.20) に代入すると，領域 1 での確率流密度 j_1 と領域 2 での確率流密度 j_2 は，それぞれ

$$j_1(x) = \frac{\hbar k_1}{m}|A|^2 - \frac{\hbar k_1}{m}|B|^2 \tag{6.21}$$

$$j_2(x) = \frac{\hbar k_2}{m}|C|^2 \tag{6.22}$$

となります．ここで，(6.21) の右辺第 1 項は x 軸を正の方向に進む粒子（＝進行波）の確率流密度を表し，右辺第 2 項は x 軸を負の方向に進む粒子（＝反射波）の確率流密度を表しています．一方，(6.22) はポテンシャルを飛び越え，x 軸の正の方向に進む粒子（＝透過波）の確率流密度を表します．

入射された粒子がポテンシャルによってどのように散乱されるかを調べるには，粒子の**反射率**と**透過率**という量を計算すればよいことが知られています．反射率 R は，入射波の確率流密度に対する反射波の確率流密度の割合，透過率 T は，入射波の確率流密度に対する透過波の確率流密度の割合で定義され，それぞれ

$$R = \frac{\left(\dfrac{\hbar k_1 |B|^2}{m}\right)}{\left(\dfrac{\hbar k_1 |A|^2}{m}\right)} = \frac{|B|^2}{|A|^2} \tag{6.23}$$

$$T = \frac{\left(\dfrac{\hbar k_2 |C|^2}{m}\right)}{\left(\dfrac{\hbar k_1 |A|^2}{m}\right)} = \frac{k_2 |C|^2}{k_1 |A|^2} \tag{6.24}$$

で与えられます．これらに，さきほど求めた (6.18) と (6.19) を代入すれば

$$R = \left(\frac{k_1 - k_2}{k_1 + k_2}\right)^2 \tag{6.25}$$

$$T = \frac{4 k_1 k_2}{(k_1 + k_2)^2} \tag{6.26}$$

が得られます．

$E > V_0$ のとき，古典力学では粒子のエネルギーがポテンシャルより大きいため，粒子はポテンシャルを飛び越えていきますが，量子力学的な粒子では反射率 R がゼロでないことから，有限の確率で粒子が跳ね返されることがわかります．また，R と T はそれぞれ反射率と透過率なので，この 2 つ

を足すと $R + T = 1$ となっていることが確かめられます.

6.1.2 $E < V_0$ の場合

シュレーディンガー方程式と一般解

次に $E < V_0$ の場合について考えてみましょう.領域 1 でのシュレーディンガー方程式は $E > V_0$ の場合と同じなので,一般解も (6.5) で与えられます.領域 2 でのシュレーディンガー方程式も形は $E > V_0$ の場合と同じですが,いまは $E < V_0$ なので,シュレーディンガー方程式を

$$\frac{d^2}{dx^2}\psi_2(x) = \frac{2m(V_0 - E)}{\hbar^2}\psi_2(x) = \kappa^2\,\psi_2(x) \tag{6.27}$$

と書き換えます.ここで,κ は

$$\kappa = \frac{\sqrt{2m(V_0 - E)}}{\hbar} \tag{6.28}$$

です.この微分方程式は,$E > V_0$ の場合と異なり,実関数の指数関数 $e^{\kappa x}$ や $e^{-\kappa x}$ が解となります.したがって,一般解はそれらを重ね合わせて

$$\psi_2(x) = Ce^{-\kappa x} + De^{\kappa x} \tag{6.29}$$

となります.ここで,C と D は積分定数です.$E > V_0$ のときの解である (6.8) とは異なり,$E < V_0$ の解 (6.29) は,x に伴い指数関数的に減少する右辺第 1 項と,指数関数的に増大する右辺第 2 項からなっています.

境界条件と波動関数の接続条件

物理的な状況を反映させ,積分定数 A, B, C, D を決めていきましょう.

まず,$D \neq 0$ であると $x = \infty$ で (6.29) の右辺第 2 項が発散し,粒子の存在確率が無限になるという非物理的な結果になってしまいます.したがって,$D = 0$ でなければなりません.その結果,

$$\psi_2(x) = Ce^{-\kappa x} \tag{6.30}$$

となります.

次に,(6.5) と (6.29) に $x = 0$ での波動関数の接続条件 (6.14) と (6.15) を用いると

$$A + B = C \tag{6.31}$$

$$ik_1 A - ik_1 B = -\kappa C \tag{6.32}$$

が得られます. この 2 式から B と C を A で表すと

$$B = \frac{k_1 - i\kappa}{k_1 + i\kappa} A \tag{6.33}$$

$$C = \frac{2k_1}{k_1 + i\kappa} A \tag{6.34}$$

となります.

反 射 率

(6.33) と (6.34) を用いて反射率 (6.23) を計算すると

$$R = \frac{|B|^2}{|A|^2} = 1 \tag{6.35}$$

となります. これは粒子が 100%反射されることを示していますが, $E < V_0$ という状況を考えているので当然の結果です. ところが, 領域 2 での波動関数は (6.30) で与えられているので, その絶対値の 2 乗を計算すると

$$|\psi_2(x)|^2 = |C|^2 e^{-2\kappa x} \tag{6.36}$$

となり, ポテンシャルの壁の中でも粒子の存在確率がゼロではありません. これは, 古典的な粒子では侵入することが禁止されている領域であっても, 量子力学的な粒子の場合は, 波動関数が波として浸み込むことができることを表しています (図 6.2). すなわち, **粒子はポテンシャルによって 100%反**

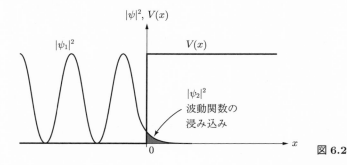

図 **6.2**

射されるのですが，波動関数の一部がポテンシャル中に浸み込みつつ，反射
されることになります．

6.1.3　連続状態

　ところで，ポテンシャルの散乱を扱う問題では，エネルギー E は外部か
ら与えられるものなので，どのような連続的な値もとることができます．そ
のため，このような状態を**連続状態**といいます．一方，前章までで扱ってい
た問題では，粒子はポテンシャルに閉じ込められていたため，エネルギーは
ポテンシャルの形に応じて離散的な値をとりました．このように，考える問
題に応じて粒子のエネルギーが連続的あるいは離散的になることに注意して
ください．

6.2　トンネル効果

6.2.1　シュレーディンガー方程式とその解

シュレーディンガー方程式と一般解

　6.1.2 項で見たとおり，量子力学的な粒子の場合，ポテンシャルの壁の中
に波動関数が浸み込むことがわかりました．もしポテンシャルの高さが有限
で，その幅が波動関数の浸み込む領域よりも狭いと，粒子は有限の確率でポ
テンシャルをすり抜けていくことになります．このような現象を**トンネル効
果**といいます．日常的なサイズのボールを壁に向かって投げてもボールが壁
の反対側にすり抜けることはありませんが，波動性をもつ量子力学的な粒子
の場合，このようなことが生じるのです．

　トンネル効果を見るために，図 6.3 のような有限の幅のポテンシャルに対
して散乱問題を考えてみましょう．ポテンシャルは

$$V(x) = \begin{cases} 0 & (x \leq 0)：領域 1 \\ V_0 & (0 < x < a)：領域 2 \\ 0 & (a \leq x)：領域 3 \end{cases} \tag{6.37}$$

で与えられます．前節と同様にして，このポテンシャルに向かって $x = -\infty$

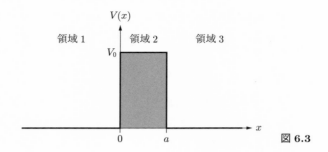

図 **6.3**

から x 軸に沿ってエネルギー E，質量 m の粒子を入射するときの粒子の反射率と透過率を調べます．ただし，ここでは粒子がポテンシャルをすり抜けることを見たいので，$E < V_0$ とします．

　シュレーディンガー方程式の一般解は (2.25) より，領域ごとに次のように与えられます（6.1.2 項を参照）．

$$領域\ 1：\psi_1(x) = Ae^{ik_1x} + Be^{-ik_1x} \tag{6.38}$$

$$領域\ 2：\psi_2(x) = Ce^{\kappa x} + De^{-\kappa x} \tag{6.39}$$

$$領域\ 3：\psi_3(x) = Fe^{ik_1x} \tag{6.40}$$

ただし，

$$k_1 = \frac{\sqrt{2mE}}{\hbar} \tag{6.41}$$

$$\kappa = \frac{\sqrt{2m(V_0 - E)}}{\hbar} \tag{6.42}$$

です（A, B, C, D, F は積分定数）．ここで，領域 3 の波動関数が (6.40) になることは，次のようにしてわかります．まず，領域 3 のシュレーディンガー方程式は領域 1 と同じ（すなわち，$V(x)$ が同じ）なので，(6.38) が一般解になります．しかし，領域 3 ではポテンシャルをすり抜けて x 軸の正の方向に進む波しかないので，e^{ik_1x} だけが解となります．

波動関数の接続条件

　波動関数の接続条件は，$x = 0$ と $x = a$ の 2 点で考える必要があります．まず，$x = 0$ での接続条件からは

$$\psi_1(0) = \psi_2(0) \quad \longleftrightarrow \quad A + B = C + D \tag{6.43}$$

$$\left.\frac{d\psi_1(x)}{dx}\right|_{x=0} = \left.\frac{d\psi_2(x)}{dx}\right|_{x=0} \quad \longleftrightarrow \quad ik_1(A - B) = \kappa(C - D) \tag{6.44}$$

が得られ，$x = a$ での接続条件からは

$$\psi_2(a) = \psi_3(a) \quad \longleftrightarrow \quad Ce^{\kappa a} + De^{-\kappa a} = Fe^{ik_1 a} \tag{6.45}$$

$$\left.\frac{d\psi_2(x)}{dx}\right|_{x=a} = \left.\frac{d\psi_3(x)}{dx}\right|_{x=a} \quad \longleftrightarrow \quad \kappa(Ce^{\kappa a} - De^{-\kappa a}) = ik_1 Fe^{ik_1 a} \tag{6.46}$$

が得られます．すると，接続条件 (6.43) と (6.44) より

$$A = \frac{(k_1 - i\kappa)C + (k_1 + i\kappa)D}{2k_1} \tag{6.47}$$

$$B = \frac{(k_1 + i\kappa)C + (k_1 - i\kappa)D}{2k_1} \tag{6.48}$$

が得られ，接続条件 (6.45) と (6.46) より

$$C = \frac{\kappa + ik_1}{2\kappa} e^{(ik_1 - \kappa)a} F \tag{6.49}$$

$$D = \frac{\kappa - ik_1}{2\kappa} e^{(ik_1 + \kappa)a} F \tag{6.50}$$

が得られます．

6.2.2 透過率とその性質

透 過 率

　トンネル効果について見るには，粒子がポテンシャルをすり抜けるかどうかを調べればよいので，(6.24) の透過率 T の式で $k_2 \to k_1$，$C \to F$ とした

$$T = \frac{|F|^2}{|A|^2} \tag{6.51}$$

を計算すればよいでしょう．まず (6.47) 〜 (6.50) を用いると

$$\frac{F}{A} = \frac{4ik_1\kappa}{(k_1 + i\kappa)^2 e^{\kappa a} - (k_1 - i\kappa)^2 e^{-\kappa a}} e^{-ik_1 a}$$

$$= \frac{4ik_1\kappa}{(k_1^2 - \kappa^2)(e^{\kappa a} - e^{-\kappa a}) + 2ik_1\kappa(e^{\kappa a} + e^{-\kappa a})}$$

$$= \frac{4ik_1\kappa}{2(k_1^2 - \kappa^2)\sinh(\kappa a) + 4ik_1\kappa\cosh(\kappa a)} e^{-ik_1 a} \tag{6.52}$$

となります. ここで, 2 行目から 3 行目の変形で

$$\sinh x = \frac{1}{2}(e^x - e^{-x}) \tag{6.53}$$

$$\cosh x = \frac{1}{2}(e^x + e^{-x}) \tag{6.54}$$

を用いました. したがって, 透過率は

$$T = \frac{|F|^2}{|A|^2}$$

$$= \frac{4k_1^2\kappa^2}{(k_1^2 + \kappa^2)^2\sinh^2(\kappa a) + 4k_1^2\kappa^2}$$

$$= \frac{1}{1 + \frac{(k_1^2 + \kappa^2)^2}{4k_1^2\kappa^2}\sinh^2(\kappa a)} \tag{6.55}$$

となります.

さらに, k_1 と κ の具体的な形 (6.41) と (6.42) を代入すれば, 最終的に

$$T = \frac{1}{1 + \frac{V_0^2}{4E(V_0 - E)}\sinh^2\left[\frac{\sqrt{2m(V_0 - E)}}{\hbar}a\right]} \tag{6.56}$$

が得られます.

■[例題 6 - 2] 透過率と同様にして, 反射率を求めなさい.

[解] 反射率は

$$R = \frac{|B|^2}{|A|^2} \tag{6.57}$$

で与えられるので, (6.47) 〜 (6.50) を用いて, まず B/A を計算します.

$$\begin{aligned}
\frac{B}{A} &= \frac{(k_1 + i\kappa)C + (k_1 - i\kappa)D}{(k_1 - i\kappa)C + (k_1 + i\kappa)D} \\
&= \frac{(k_1 + i\kappa)(\kappa + ik_1)e^{-\kappa a} + (k_1 - i\kappa)(\kappa - ik_1)e^{\kappa a}}{(k_1 - i\kappa)(\kappa + ik_1)e^{-\kappa a} + (k_1 + i\kappa)(\kappa - ik_1)e^{\kappa a}} \\
&= \frac{(k_1 + i\kappa)(k_1 - i\kappa)e^{-\kappa a} - (k_1 - i\kappa)(k_1 + i\kappa)e^{\kappa a}}{(k_1 - i\kappa)(k_1 - i\kappa)e^{-\kappa a} - (k_1 + i\kappa)(k_1 + i\kappa)e^{\kappa a}} \\
&= \frac{(k_1^2 + \kappa^2)(e^{\kappa a} - e^{-\kappa a})}{(k_1 + i\kappa)^2 e^{\kappa a} - (k_1 - i\kappa)^2 e^{-\kappa a}} \\
&= \frac{2(k_1^2 + \kappa^2)\sinh(\kappa a)}{2(k_1^2 - \kappa^2)\sinh(\kappa a) + 4ik_1\kappa \cosh(\kappa a)}
\end{aligned} \tag{6.58}$$

ここで，4 行目から 5 行目の変形では (6.53) と (6.54) を用いました．この絶対値の 2 乗を計算すると，反射率は

$$\begin{aligned}
R &= \frac{|B|^2}{|A|^2} \\
&= \frac{(k_1^2 + \kappa^2)^2 \sinh^2(\kappa a)}{(k_1^2 - \kappa^2)^2 \sinh^2(\kappa a) + 4k_1^2\kappa^2 \cosh^2(\kappa a)} \\
&= \frac{(k_1^2 + \kappa^2)^2 \sinh^2(\kappa a)}{(k_1^2 + \kappa^2)^2 \sinh^2(\kappa a) - 4k_1^2\kappa^2 \sinh^2(\kappa a) + 4k_1^2\kappa^2 \cosh^2(\kappa a)} \\
&= \frac{(k_1^2 + \kappa^2)^2 \sinh^2(\kappa a)}{(k_1^2 + \kappa^2)^2 \sinh^2(\kappa a) + 4k_1^2\kappa^2} \\
&= \frac{1}{1 + \dfrac{4k_1^2\kappa^2}{(k_1^2 + \kappa^2)^2 \sinh^2(\kappa a)}}
\end{aligned} \tag{6.59}$$

となります．ここで，3 行目から 4 行目の変形で

$$\cosh x - \sinh x = 1 \tag{6.60}$$

を用いました．最後に k_1 と κ の具体的な形 (6.41) と (6.42) を代入すれば，

$$R = \frac{1}{1 + \dfrac{4E(V_0 - E)}{V_0^2}\sinh^{-2}\left[\dfrac{\sqrt{2m(V_0 - E)}}{\hbar}a\right]} \tag{6.61}$$

となります．また，ここで得られた反射率 R と透過率 T (6.56) を用いると $R + T = 1$ となることを示せます．   ✦

このままでは式の意味を読み取りにくいので，ポテンシャルの幅が広い $\kappa a \gg 1$ の場合とポテンシャルの幅が狭い $\kappa a \ll 1$ の場合に対して，透過率

の近似式を求めてみましょう.

$\kappa a \gg 1$ の場合

この場合は,ポテンシャルの幅 a に比べて波動関数の浸み出しが小さく,古典力学に近い状況を表しています (**準古典近似**といいます).

$\kappa a \gg 1$ より,透過率 (6.56) は

$$
\begin{aligned}
T &= \frac{1}{1 + \dfrac{V_0^2}{4E(V_0 - E)} \sinh^2(\kappa a)} \\[2mm]
&\simeq \frac{1}{1 + \underbrace{\dfrac{V_0^2}{16E(V_0 - E)} e^{2\kappa a}}_{\gg 1 \ (\because \kappa a \gg 1)}} \\[2mm]
&\simeq \frac{16E(V_0 - E)}{V_0^2} \exp\left[-\frac{2\sqrt{2m(V_0 - E)}}{\hbar} a \right]
\end{aligned} \tag{6.62}
$$

となります.ここで,1 行目から 2 行目の変形で $\kappa a \gg 1$ より sinh 関数 (6.53) の右辺第 2 項を無視し

$$
\sinh x \simeq \frac{e^x}{2} \tag{6.63}
$$

とし,2 行目から 3 行目の変形で分母の第 2 項目が 1 に比べて十分大きいため 1 を無視しました.

この結果より,ポテンシャルの幅 a に対して,透過率 T は指数関数的に小さくなることがわかります.

$\kappa a \ll 1$ の場合

この場合は,ポテンシャルの幅 a に比べて波動関数の浸み出しが十分大きい状況です.$\kappa a \ll 1$ より,sinh 関数のマクローリン展開を用いて

$$
\sinh(\kappa a) \simeq \kappa a \tag{6.64}
$$

と近似できるので,透過率 (6.56) は

$$
T \simeq \frac{1}{1 + \dfrac{mV_0^2 a^2}{2\hbar^2 E}} \tag{6.65}
$$

となります.

　この結果より, ポテンシャルの幅 a が小さければ透過率は $T \simeq 1$ となり, ほぼ確実に粒子はポテンシャルをすり抜けることがわかります.

章 末 問 題

6-1　図 6.1 で $V_0 = 50\,\text{eV}$ の場合に, エネルギー $E = 65\,\text{eV}$ の電子を左側から打ち込んだときの電子の反射率と透過率を求めなさい.

6-2　図 6.3 で, $a = 1\,\text{nm}$ の場合に

(1)　$V_0 = 10\,\text{eV}$

(2)　$V_0 = 5.1\,\text{eV}$

のポテンシャルに $E = 5\,\text{eV}$ の電子を打ち込んだときの透過率を (6.56) を用いてそれぞれ求めなさい.

— *Coffee Break* —

走査型トンネル顕微鏡（STM）

　走査型トンネル顕微鏡（STM：Scanning Tunneling Microscope）は，トンネル効果を利用した顕微鏡で，原子サイズのものを見ることができます．

　トンネル効果における透過率は，(6.56) で表されるようにポテンシャル障壁の高さと幅で決まります．そして，金属の小さな針と導電性の試料表面を考え，両者はある距離で離れているとすると，この間を障壁と見なすことができます．両者を近づけ，微小な電圧をかけるとトンネル効果が生じ，両者の間を電子が飛び移り，電流が流れます．この電流を**トンネル電流**といいます．

　トンネル電流の大きさは，(6.62) の透過率と同様に，針と試料表面の間の距離に指数関数的に依存するので，距離のわずかな変化でも電流値に大きな違いが生じます．これを利用して，試料表面の原子スケールの凹凸を見るのが STM です．STM では，針を試料表面に沿って動かしたときに，電流値が一定になるように針の高さを制御します．その結果，試料表面の原子スケールの凹凸に応じて針が上下に動くので，表面にある原子を見ることが可能になります．

　STM を用いると，原子スケールで試料表面を見るだけでなく，表面の原子や分子を動かすこともできます．これを利用して，非常に小さな構造（ナノ構造）をつくることができるため，ナノテクノロジーにおいて，なくてはならない重要な技術になっています．

7

量子力学の基礎概念

　これまで，井戸型ポテンシャル，調和振動子型ポテンシャル，そしてポテンシャル障壁などの具体的なポテンシャルに対してシュレーディンガー方程式を解き，その量子状態について学んできました.

　この章では，本書の前半で学んだ量子力学のまとめとして，一般的な形で量子力学の基礎について整理しておきます. 抽象的な内容になるので，はじめは理解しづらいかもしれませんが，この章の内容をしっかりと学習することで量子力学の体系の見通しが良くなります.

7.1　状態と物理量と測定値

　古典力学では，物体の運動**状態**はその物体の位置と運動量を指定することで定まりました. そして，物体の**物理量**は位置と運動量を用いて表現され，その物理量の**測定値**は，観測により原理的には一意に定まるものでした. しかし，量子力学では，これらの**状態**，**物理量**，測定値は古典力学とは全く違った意味をもち，それぞれ以下の仮定のもとに成り立っています.

　[**仮定 1**]　量子力学的な運動状態（＝**量子状態**）は，シュレーディンガー方程式

$$i\hbar\frac{\partial \Psi(\boldsymbol{r},t)}{\partial t} = \left[-\frac{\hbar^2}{2m}\nabla^2 + V(\boldsymbol{r},t)\right]\Psi(\boldsymbol{r},t) \tag{7.1}$$

を満足する波動関数 $\Psi(\boldsymbol{r},t)$ によって表現される（2.1節を参照）. 解が複数ある場合は，それらの任意の線形結合も，量子状態を表す解となる. これを**重ね合わせの原理**という.

　[**仮定 2**]　量子力学における座標 $\boldsymbol{r}$ と運動量 $\boldsymbol{p}$ は，それぞれを座標の関数 $f(\boldsymbol{r})$ に対して作用させた結果が

$$\hat{\boldsymbol{r}} f(\boldsymbol{r}) = \boldsymbol{r} f(\boldsymbol{r}) \tag{7.2}$$

$$\hat{\boldsymbol{p}} f(\boldsymbol{r}) = -i\hbar \nabla f(\boldsymbol{r}) \tag{7.3}$$

となるような演算子として定義される（2.1.1 項と 3.1.4 項を参照）．

　また，古典力学で座標と運動量の関数として与えられる物理量 $A(\boldsymbol{r}, \boldsymbol{p})$ は，量子力学では，物理量 A の中の座標と運動量を**座標演算子 $\hat{\boldsymbol{r}}$** と**運動量演算子 $\hat{\boldsymbol{p}}$** に置き換えた演算子 $\hat{A}$ として与えられる．

$$A(\boldsymbol{r}, \boldsymbol{p}) \quad \longrightarrow \quad \hat{A}(\hat{\boldsymbol{r}}, \hat{\boldsymbol{p}}) = \hat{A}(\boldsymbol{r}, -i\hbar \nabla) \tag{7.4}$$

　[**仮定 3**]　量子系がある状態のときに物理量 A を観測すると，測定値は観測するごとにバラバラな値をとる．しかし，多数回測定したときのその**期待値**は

$$\langle A \rangle = \frac{\displaystyle\int \Psi^*(\boldsymbol{r}, t) \, \hat{A} \Psi(\boldsymbol{r}, t) \, d\boldsymbol{r}}{\displaystyle\int |\Psi(\boldsymbol{r}, t)|^2 \, d\boldsymbol{r}} \tag{7.5}$$

で与えられる（第 3 章を参照）．特に，波動関数が規格化されていれば，分母は 1 であるため

$$\langle A \rangle = \int \Psi^*(\boldsymbol{r}, t) \, \hat{A} \Psi(\boldsymbol{r}, t) \, d\boldsymbol{r} \tag{7.6}$$

となる．

　したがって，[仮定 1] 〜 [仮定 3] より量子力学では，

1. **量子状態**は，シュレーディンガー方程式を満たす波動関数によって表される．
2. **物理量**は，演算子で表される．

3. **測定値**は，**量子状態**を表す波動関数を用いて，**物理量**を表す演算子の期待値として計算される．

ということになります．

7.2 物理量を表す演算子の性質

　[仮定 2] にあるように，量子力学では，物理量は座標演算子と運動量演算子によって表される演算子となります．ここでは，物理量を表す演算子 $\hat{A}$ の性質について，いくつかまとめておきましょう．

1. 演算子 $\hat{A}$ が量子状態を表す波動関数 $\Psi(\boldsymbol{r}, t)$ に作用すると，一般に異なる状態 $\Phi(\boldsymbol{r}, t)$ に変わる．

$$\hat{A}\Psi(\boldsymbol{r}, t) = \Phi(\boldsymbol{r}, t) \tag{7.7}$$

特に，状態 $\Phi(\boldsymbol{r}, t)$ が $\Psi(\boldsymbol{r}, t)$ の定数倍であり

$$\hat{A}\Psi(\boldsymbol{r}, t) = a\Psi(\boldsymbol{r}, t) \tag{7.8}$$

となるとき，$\Psi(\boldsymbol{r}, t)$ は，固有値 a をもつ $\hat{A}$ の固有状態であるという．

2. 2 つの演算子 $\hat{A}$ と $\hat{B}$ があるとき，状態 $\Psi(\boldsymbol{r}, t)$ に対して，一般に

$$\hat{A}\hat{B}\Psi(\boldsymbol{r}, t) \neq \hat{B}\hat{A}\Psi(\boldsymbol{r}, t) \tag{7.9}$$

である．すなわち，異なる演算子が状態に作用するとき，作用する順番によって生じる状態が異なる．これは，演算子の関係として

$$[\hat{A}, \hat{B}] \equiv \hat{A}\hat{B} - \hat{B}\hat{A} \neq 0 \tag{7.10}$$

と表すことができる．ここで，演算子 $[\hat{A}, \hat{B}]$ を $\hat{A}$ と $\hat{B}$ の**交換子**という．特に，

$$[\hat{A}, \hat{B}] = 0 \tag{7.11}$$

であるとき，$\hat{A}$ と $\hat{B}$ は交換する，あるいは**可換**であるという．

3. 演算子 $\hat{A}$ に対して,

$$\int \Phi^*(\boldsymbol{r},t)\,\hat{A}^\dagger \Psi(\boldsymbol{r},t)\,d\boldsymbol{r} \equiv \int [\hat{A}\Phi(\boldsymbol{r},t)]^* \Psi(\boldsymbol{r},t)\,d\boldsymbol{r}$$
$$= \left\{ \int \Psi^*(\boldsymbol{r},t)[\hat{A}\Phi(\boldsymbol{r},t)]\,d\boldsymbol{r} \right\}^* \tag{7.12}$$

で定義される演算子 $\hat{A}^\dagger$（†はダガーと読む）を $\hat{A}$ の**エルミート共役演算子**という（$\Psi(\boldsymbol{r},t) = [\Psi^*(\boldsymbol{r},t)]^*$ に注意）.

エルミート共役演算子は，次の関係が成り立つ.

$$(\hat{A} + \hat{B})^\dagger = \hat{A}^\dagger + \hat{B}^\dagger \tag{7.13}$$

$$(c\hat{A})^\dagger = c^*\hat{A}^\dagger \qquad (c は定数) \tag{7.14}$$

$$(\hat{A}^\dagger)^\dagger = \hat{A} \tag{7.15}$$

$$(\hat{A}\hat{B})^\dagger = \hat{B}^\dagger\hat{A}^\dagger \tag{7.16}$$

また，$\hat{A}^\dagger = \hat{A}$ のとき，$\hat{A}$ を**エルミート演算子**という.

次の例題 7-1, 7-2 のように，固有値，固有状態，エルミート演算子には，他にも重要な性質があります.

[例題 7-1] 「エルミート演算子の固有値は必ず実数である」ことを証明しなさい.

[解] $\hat{A}$ をエルミート演算子とし，その固有値を a, 固有状態を Ψ_a とすると

$$\hat{A}\Psi_a = a\Psi_a \tag{7.17}$$

が成り立ち，この複素共役をとると

$$(\hat{A}\Psi_a)^* = a^*\Psi_a^* \tag{7.18}$$

となります. そして，(7.17) の両辺に左から Ψ_a^* を掛けて，考えている領域で積分したものから，(7.18) の両辺に右から Ψ_a を掛けて積分したものを辺々引くと

$$\int_{-\infty}^{\infty} \left[\Psi_a^* \hat{A}\Psi_a - (\hat{A}\Psi_a)^* \Psi_a \right] dx = (a - a^*) \int_{-\infty}^{\infty} |\Psi_a|^2\,dx \tag{7.19}$$

となります. さらに左辺を変形すると

$$((7.19) \text{ の左辺}) = \int_{-\infty}^{\infty} \left(\Psi_a^* \hat{A} \Psi_a - \Psi_a^* \underbrace{\hat{A}^{\dagger}}_{\hat{A} \; (\because \; \hat{A} \text{はエルミート演算子})} \Psi_a \right) dx$$

$$= \int_{-\infty}^{\infty} \left(\Psi_a^* \hat{A} \Psi_a - \Psi_a^* \hat{A} \Psi_a \right) dx = 0 \qquad (7.20)$$

となります. したがって, (7.19) は

$$(a - a^*) \int_{-\infty}^{\infty} |\Psi_a|^2 \, dx = 0 \qquad (7.21)$$

となります. ここで, $\displaystyle\int_{-\infty}^{\infty} |\Psi_a|^2 \, dx \neq 0$ なので,

$$a = a^* \qquad (7.22)$$

でなければなりません. これは, a が実数であることを示しています.

以上より, エルミート演算子の固有値は必ず実数であることが示されました. ◆

[例題 7 – 2] 「異なる固有値をもつ固有状態は直交する」ことを証明しなさい. ここで, 固有状態が直交するとは, 2 つの固有状態 Ψ_a と $\Psi_{a'}$ に対して

$$\int_{-\infty}^{\infty} \Psi_{a'}^* \Psi_a \, dx = 0 \qquad (7.23)$$

が成り立つことをいいます.

[解] エルミート演算子 $\hat{A}$ の 2 つの固有値を a と a' とし, その固有状態をそれぞれ Ψ_a と $\Psi_{a'}$ とすると,

$$\begin{cases} \hat{A} \Psi_a = a \Psi_a \\ \hat{A} \Psi_{a'} = a' \Psi_{a'} \end{cases} \qquad (7.24)$$

が成り立ちます. 第 1 式の両辺に左から $\Psi_{a'}^*$ を掛けて積分したものから, 第 2 式の複素共役をとったものの両辺に右から Ψ_a を掛けて積分したものを辺々引くと

$$\int_{-\infty}^{\infty} \left[\Psi_{a'}^* \hat{A} \Psi_a - (\hat{A} \Psi_{a'})^* \Psi_a \right] dx = (a - a') \int_{-\infty}^{\infty} \Psi_{a'}^* \Psi_a \, dx \qquad (7.25)$$

となります. ここで, (7.20) と同様の計算から, (7.25) の左辺がゼロであること, 右辺で固有値が実数であることを用いると

$$0 = (a - a') \int_{-\infty}^{\infty} \Psi_{a'}^* \Psi_a \, dx \qquad (7.26)$$

となります.

この結果より，もし a と a' が異なれば，

$$\int_{-\infty}^{\infty} \Psi_{a'}^* \Psi_a \, dx = 0 \tag{7.27}$$

となり，固有関数は直交することがわかります. ◆

7.3 不確定性関係

ある量子状態 $\Psi(\boldsymbol{r}, t)$ で物理量 A の測定を繰り返し行うと，7.1 節の［仮定3］より，測定値は期待値

$$\langle A \rangle = \int \Psi^*(\boldsymbol{r}, t) \, \hat{A} \Psi(\boldsymbol{r}, t) \, d\boldsymbol{r} \tag{7.28}$$

で表されます. ただし，波動関数は規格化されているとしました.

一般に測定値は，期待値 (7.28) のまわりにばらつきます. そこで，ばらつきの程度を表す演算子として，**ゆらぎ演算子**

$$\delta \hat{A} = \hat{A} - \langle A \rangle \tag{7.29}$$

を定義します. $\hat{A}$ はエルミート演算子なので $\langle A \rangle^* = \langle A \rangle$ より $\langle A \rangle$ は実数となり，その結果，ゆらぎ演算子 $\delta \hat{A}$ もエルミート演算子となります.

ゆらぎ演算子を使うと，物理量 A の測定における不確かさ ΔA は次のように定義できます.

$$\Delta A = \sqrt{\langle \delta A^2 \rangle} \tag{7.30}$$

$$= \sqrt{\langle A^2 \rangle - \langle A \rangle^2} \tag{7.31}$$

［例題 7 - 3］ (7.30) から，(7.31) が導かれることを示しなさい.

［解］ ゆらぎ演算子 (7.29) の 2 乗を計算すると

$$\left(\delta \hat{A} \right)^2 = (\hat{A} - \langle A \rangle)(\hat{A} - \langle A \rangle) = \hat{A}^2 - 2\langle A \rangle \hat{A} + \langle A \rangle^2 \tag{7.32}$$

したがって，

$$\langle \delta A^2 \rangle = \langle A^2 \rangle - 2\langle A \rangle\langle A \rangle + \langle A \rangle^2 = \langle A^2 \rangle - \langle A \rangle^2 \tag{7.33}$$

となるので，平方根をとれば (7.31) となります. ◆

演算子 $\hat{A}$ の固有値と固有状態をそれぞれ a と $\Phi_a(\boldsymbol{r},t)$ とすると,

$$\hat{A}\Phi_a(\boldsymbol{r},t) = a\Phi_a(\boldsymbol{r},t) \tag{7.34}$$

が成り立ちます. もし量子状態 Ψ が A の固有状態の1つ Φ_a であれば, (7.28) より

$$\langle A^2 \rangle = \langle A \rangle^2 = a^2 \tag{7.35}$$

となるので, $\Delta A = 0$ となります. すなわち, 物理量 A の固有状態における測定には不確かさはありません.

次に, 2つの物理量 A と B の測定値に対する不確かさについて調べてみましょう. 先に結論を示すと, 物理量 A の不確かさ ΔA と物理量 B の不確かさ ΔB の間には,

$$\Delta A \, \Delta B \geq \frac{|\langle [\hat{A}, \hat{B}] \rangle|}{2} \tag{7.36}$$

が成り立ちます(**不確定性関係**). この関係式は,**ある状態で2つの物理量を測定するとき,2つの物理量を表す演算子が可換でなければ,その物理量を同時に不確かさなく測定することはできない**, ということを示しています.

以下では, (7.36) が成り立つことを示してみましょう. 任意の実数 λ とゆらぎ演算子 $\delta\hat{A}$ と $\delta\hat{B}$ を用いて, 新たな演算子

$$\hat{\Omega} = \delta\hat{A} + i\lambda \, \delta\hat{B} \tag{7.37}$$

$$\hat{\Omega}^\dagger = \delta\hat{A} - i\lambda \, \delta\hat{B} \tag{7.38}$$

を定義します. 状態 $\Psi(\boldsymbol{r},t)$ における $\hat{\Omega}^\dagger\hat{\Omega}$ の期待値を (7.28) を用いて計算すると

$$\langle \hat{\Omega}^\dagger \hat{\Omega} \rangle = \int |\Omega\Psi(\boldsymbol{r},t)|^2 \, d\boldsymbol{r} \tag{7.39}$$

となるので, 必ず正かゼロになります. ここで, $\hat{A}$ と $\hat{B}$ の交換関係を

$$[\hat{A}, \hat{B}] = [\delta\hat{A}, \delta\hat{B}] = i\hat{C} \tag{7.40}$$

と書くと

$$\hat{\Omega}^{\dagger}\hat{\Omega} = \left(\delta\hat{A} - i\lambda\delta\hat{B}\right)\left(\delta\hat{A} + i\lambda\delta\hat{B}\right)$$

$$= \left(\delta\hat{A}\right)^2 + i\lambda\underbrace{(\delta\hat{A}\delta\hat{B} - \delta\hat{B}\delta\hat{A})}_{[\delta\hat{A},\,\delta\hat{B}]} + \lambda^2\left(\delta\hat{B}\right)^2$$

$$= \left(\delta\hat{A}\right)^2 + i\lambda\underbrace{[\delta\hat{A},\delta\hat{B}]}_{i\hat{C}\ \ (\because (7.40))} + \lambda^2\left(\delta\hat{B}\right)^2$$

$$= \left(\delta\hat{A}\right)^2 - \lambda\hat{C} + \lambda^2\left(\delta\hat{B}\right)^2 \tag{7.41}$$

となるので，$\hat{\Omega}^{\dagger}\hat{\Omega}$ の期待値は

$$\langle\hat{\Omega}^{\dagger}\hat{\Omega}\rangle = \left\langle\left(\delta\hat{A}\right)^2 - \lambda\hat{C} + \lambda^2\left(\delta\hat{B}\right)^2\right\rangle$$

$$\overset{(7.31)}{=} (\Delta A)^2 - \lambda\langle C\rangle + \lambda^2(\Delta B)^2 \tag{7.42}$$

となります．

　ところで，$\langle\hat{\Omega}^{\dagger}\hat{\Omega}\rangle$ は正またはゼロでなければなりません．(7.42) が任意の λ に対して正またはゼロであるためには，(7.42) が λ の 2 次関数であるので，その判別式より

$$\langle C\rangle^2 - 4(\Delta A)^2(\Delta B)^2 \geq 0 \tag{7.43}$$

であればよいことになります．これより

$$\Delta A\,\Delta B \geq \frac{|\langle C\rangle|}{2} \tag{7.44}$$

となり，(7.36) が示されました．

7.4　スピン

　7.1 節の［仮定 2］や 2.1 節と 3.1.4 項で説明したとおり，量子力学における物理量は，古典力学で座標と運動量の関数として与えられていたものを演算子で置き換えれば得られました．

　ところが，量子力学には，**スピン**という古典力学に対応するものがない物

理量が存在します．古典力学
に対応するものがないので，
本来直観的な説明はできません
が，たとえるならば，地球が
地軸のまわりを回転（＝自転）
していて，電子などの
粒子も自転（＝スピン）して
いるというイメージです．ス
ピンのことを本格的に学ぶの

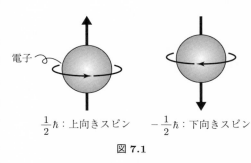

$\frac{1}{2}\hbar$：上向きスピン $-\frac{1}{2}\hbar$：下向きスピン

図 7.1

は本書の範囲を超えるので，ここでは特に重要な電子のスピンについて，基本的な事実だけをまとめておきます．

　古典力学では，回転運動を表す物理量として角運動量を学びました．同様に，スピンも**スピン角運動量**という量で表されます．電子の場合は，軸を中心に左向きに回るか，右向きに回るかに応じて，スピン角運動量は $\hbar/2$ と $-\hbar/2$ の 2 つの値をとります．そして図 7.1 のように，軸の周りを左右のどちら向きに回るか，と表現する代わりに，軸が上を向くか，下を向くかと表現することもできるので，それぞれの値に対して，スピンが上向き，下向き，というような表現をします．

　スピンは棒磁石のような性質をもっているため，電子に磁場がかかったときに，スピンの上向きと下向きの違いが現れます．一方，磁場の影響がない場合，スピンの上向きと下向きの違いは現れません．この後の章で具体例を学びますが，磁場の影響がない場合，スピンの効果は，電子の数を計算するときにスピンの上向きと下向きの 2 成分があるので 2 倍する，というような形で考慮することになります．

章 末 問 題

7-1　次の交換関係を証明しなさい.

(1)　$[\hat{A}, \hat{B}\hat{C}] = [\hat{A}, \hat{B}]\hat{C} + \hat{B}[\hat{A}, \hat{C}]$

(2)　$[\hat{\boldsymbol{p}}, f(\boldsymbol{r})] = -i\hbar \nabla f(\boldsymbol{r})$

7-2　運動エネルギー $\dfrac{\hat{p}^2}{2m}$ はエルミート演算子であることを示しなさい.

7-3　エルミート演算子 $\hat{A}$ に対して,

$$\frac{d\langle A \rangle}{dt} = \frac{i}{\hbar}\langle [\hat{H}, \hat{A}] \rangle + \left\langle \frac{\partial A}{\partial t} \right\rangle \tag{7.45}$$

が成り立つことを示しなさい.

なぜ統計力学が必要か？

　次の章からは統計力学を学んでいきます．統計力学を用いることで，ミクロな世界の力学法則である量子力学とマクロな熱平衡状態に関する法則である熱力学をつなげることができます．この章では，統計力学を学ぶ準備として，熱力学の基本を簡単に復習し，なぜ統計力学が必要かを学びます．

8.1　熱力学と量子力学と統計力学

　アボガドロ数（$= 6.02 \times 10^{23}$ 個）と同程度の数の原子や分子から構成される物体を**マクロな系**といいます．マクロな系を構成する膨大な数の原子や分子は，量子力学の法則に従って運動しています．しかし，マクロな系の熱平衡状態の特性については，原子や分子などのミクロな世界の存在を忘れて，熱力学を用いて理解することができます．

　熱力学では，**熱力学の第 1 法則**と**第 2 法則**を用いると，「系に固有の熱力学的な性質を表す**状態方程式や熱容量**」と「系のすべての熱力学的な情報をもつ**内部エネルギー，エントロピー**，あるいは**ヘルムホルツの自由エネルギー**などの**状態関数**」の間に成り立つ普遍的な関係が得られます．したがって，もし注目している系の内部エネルギーやエントロピーやヘルムホルツの自由エネルギーなどの状態関数がわかれば，状態方程式や熱容量を求めることができ，その結果，注目しているマクロな系の熱力学的な特性がわかります[1]．

　ところが，熱力学の枠組みでは，状態関数の関数形そのものを決めることはできません．あくまで，「もし状態関数が与えられたとしたら」，というと

---

　[1]　逆に，もし注目している系の状態方程式と熱容量がわかれば，内部エネルギーやエントロピーやヘルムホルツの自由エネルギーなどの状態関数を求めることができます．

ころから出発します．そのため，注目している系の熱力学的な特性を知るためには，熱力学の枠組みとは別に，状態関数を求める方法が必要となります．そこで登場するのが，理論的に状態関数を求める方法である**統計力学**です．統計力学を用いれば，量子力学により得られたミクロな世界の情報を使って，注目する系ごとの状態関数を（原理的には）計算することが可能になります．そして，状態関数を計算することができれば，これを入力として熱力学の知識を用いることで，出力として状態方程式や熱容量を求めることができ，マクロな系の熱力学的な特性をミクロから理解することができます．この一連の流れを示したのが図 8.1 です．

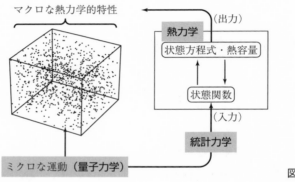

図 8.1

8.2　熱力学の基礎

　熱力学は，マクロな系の**熱平衡状態**を扱う学問体系です．**熱平衡状態とは，外から何もしない限り，いくら時間が経っても全体として変わらない状態**です．この状態においては，温度 T，圧力 P，体積 V などの物理量は決まった値をとるため，これらの少数の物理量により状態を表すことができます．そして，このような熱平衡状態で決まった値をとる物理量のことを**状態量**といい，T, P, V の他に，この後で学ぶ内部エネルギー U やエントロピー S などがあります．

　状態量が存在することや，状態量同士の間に成り立つ**特定の物質によらない関係**を教えてくれるのが，**熱力学の法則**です．一方，**特定の物質の熱力学**

的な性質は，物質ごとに定まる状態量同士の関係，すなわち**状態方程式**や熱容量によって決まります[2].

8.2.1 熱力学の第1法則

熱力学の第1法則は，熱と仕事の等価性を認めた上で，熱をエネルギーの一形態として取り入れ，**エネルギー保存則**を述べたものです．同時に，**内部エネルギー**という状態量の存在を示したものともいえ，熱力学の第1法則は，次のように定式化されます．

物質に外から仕事 W をし，さらに熱量 Q を与えると，物質の内部エネルギーが ΔU だけ変化し，数式では

$$\Delta U = W + Q \tag{8.1}$$

と表されます．ここで重要なことは，左辺の内部エネルギーは状態量ですが，右辺の仕事や熱は状態量ではないということです．つまり，（保存力ではない力による）仕事や熱は，どのような経路を経て熱平衡状態に達したかに依存します．

このように熱力学の第1法則は，状態量ではない仕事と熱の変化の和が状態量である内部エネルギーの変化量になることを表しています．

8.2.2 熱力学の第2法則

熱力学の第1法則では，熱と仕事の等価性に注目していますが，それだけでは熱の本質的な意味は捉えきれません．熱が他のエネルギー形態に比べて特殊であることを表現したものが**熱力学の第2法則**であり，その特殊性を表現する状態量として現れるのが**エントロピー**です．

熱力学の第2法則（の1つの表現）は，「**1つの熱源から正の熱を受け取り，これをすべて仕事に変え，他に何の変化も残さないようにすることは不可能である**」，というものです．これは，仕事はすべてを熱に変えることができるが，熱はすべてを仕事に変えることができない，という経験的事実を

---

[2] 以下では，特定の物質の熱力学的な性質として，特に状態方程式を取り上げます．熱容量については，他の熱力学の教科書を参照してください．

表現したものです.

熱力学の第2法則に基づくと，エントロピー S という状態量を定義することができます．系が，状態 A から状態 B へ準静的に（すなわち，熱平衡状態を保ったまま無限にゆっくり）熱を受け取りながら変化するときのエントロピーの差は，

$$S(\text{B}) - S(\text{A}) = \int_{\text{A}}^{\text{B}} \frac{\delta Q}{T} \tag{8.2}$$

で与えられ，途中の経路にはよらず，最初と最後の状態だけに依存します．ここで δQ は，準静的に系が受け取った熱で[3]，T は絶対温度です．(8.2) で重要なことは，**熱は状態量ではありませんが**，熱を絶対温度で割った量，すなわち**エントロピーは状態量**だということです.

エントロピーを用いると，熱力学的な状態の変化の**可逆性**と**不可逆性**を表現することができます.

$$\int_{\text{A}}^{\text{B}} \frac{\delta Q}{T'} \leq S(\text{B}) - S(\text{A}) \tag{8.3}$$

ここで，T' は外界の温度を表します．可逆過程の場合に限り，等号が成り立ち，そのとき，温度 T' は系の温度 T と一致します.

8.2.3 物質の熱力学的性質 〜 状態方程式 〜

温度 T，圧力 P，体積 V のような状態量は，それぞれ独立ではありません．例えば，$P = P(T, V)$ のように，圧力は温度と体積によって決まることが経験的に知られています．このような関係を表現した式を**状態方程式**といいます．なお，状態量が他の状態量の関数になることを強調して，状態量を**状態関数**ということもあります.

$P(T, V)$ が具体的に温度や体積のどのような関数形で表せるかは，物質ごとに異なります．つまり，この関数形が物質の個性を表すことになります．例えば，理想気体であれば，**理想気体の状態方程式**としてよく知られているように

---

[3] δ を d' としている書籍も多くありますが，数学的には Q についての積分なので，δQ も $d'Q$ も，dQ のようにイメージすればよいでしょう.

$$P = P(T, V) = nR\frac{T}{V} \tag{8.4}$$

で与えられます．ここで n は物質量（モル数），R は気体定数です．状態方程式としては，他にも実在気体を表す**ファン・デル・ワールスの状態方程式**，**希薄溶液の状態方程式**，**磁性体の状態方程式**などが知られています．

8.3 熱力学の法則と状態方程式の関係

8.3.1 熱力学の基本方程式

系の無限に小さい変化（これを，**無限小過程**といいます）に対して，熱力学の第 1 法則 (8.1) は

$$dU = \delta W + \delta Q \tag{8.5}$$

となります．

一方，無限小過程ではエントロピーの微小変化 dS を考えればよいので，熱力学の第 2 法則 (8.3) は，

$$\frac{\delta Q}{T'} \leq dS \tag{8.6}$$

となります．ここで，T' は考えている系の外部の温度です．

次に，特に無限小の準静的過程を考えてみましょう．この場合，外部からの圧力と系の圧力がつり合いながら変化するので，外部から系への仕事 W は，系の圧力 P と体積 V を用いて

$$\delta W = -P\,dV \tag{8.7}$$

と表すことができます．また，準静的過程では，熱力学の第 2 法則 (8.6) の等号が成り立つため，外部から系へ与えられる熱量は

$$\delta Q = T\,dS \tag{8.8}$$

と表すことができます．いま考えているのは準静的過程なので，系の温度 T と外部の温度 T' は等しくなっています．

(8.7) と (8.8) を用いると，無限小の準静的過程に対して，熱力学の第 1

法則 (8.5) と第 2 法則 (8.6) は 1 つにまとまり

$$dU = T\,dS - P\,dV \tag{8.9}$$

となります．このように準静的過程に注目する限り，この関係式に熱力学の第 1 法則と第 2 法則のすべてが集約されていることになります．そして，この関係式のことを**熱力学の基本方程式**といいます．

8.3.2 熱力学の基本方程式と状態方程式

　状態関数の中でも，内部エネルギー，エントロピー，**ヘルムホルツの自由エネルギー**，**グランドポテンシャル**[4]などは特に重要です．なぜなら，与えられた環境に応じて，これらの状態関数は熱力学的な情報をすべてもつことになり，状態方程式や熱容量などの系の熱力学的な特性を導くことができるからです．ここでは，熱力学の基本方程式を用いて，内部エネルギー，エントロピー，ヘルムホルツの自由エネルギー，グランドポテンシャルと状態方程式の関係を導いてみましょう．

内部エネルギーと状態方程式

　熱力学の基本方程式 (8.9) は，系のエントロピーと体積が変化することで内部エネルギーが変化する，と見ることができます．そこで，S と V を内部エネルギーの独立変数と見なし，内部エネルギーを状態関数 $U = U(S, V)$ と表します．S と V を独立変数と見なすということは，実際に実験する際に，S と V を制御するということです．

　いま，$U(S, V)$ の全微分をとると

$$dU = \left(\frac{\partial U}{\partial S}\right)_V dS + \left(\frac{\partial U}{\partial V}\right)_S dV \tag{8.10}$$

となります．ここで，偏微分を囲む括弧の右下にある記号は，その量を固定して偏微分をすることを表します．したがって，(8.10) の右辺第 1 項は体積 V を固定して内部エネルギー U をエントロピー S で微分し，右辺第 2 項

---

　[4]　通常，熱力学の教科書ではグランドポテンシャルは出てきませんが，後で学ぶ統計力学との関連で重要になります．

はエントロピー S を固定して内部エネルギー U を体積 V で微分することを意味しています.

(8.10) と (8.9) の各項を比べると

$$T = \left(\frac{\partial U}{\partial S}\right)_V = T(S, V) \tag{8.11}$$

$$P = -\left(\frac{\partial U}{\partial V}\right)_S = P(S, V) \tag{8.12}$$

が得られます. これらは, 熱力学の基本方程式 (8.9) を書き換えたものなので, 熱力学の第 1 法則と第 2 法則そのものと見ることができます. すなわち, この 2 つの関係式から, 系の温度や圧力などの熱力学的な量はすべて決まることになります.

また, $T = T(S, V)$ を S について解くと $S = S(T, V)$ が得られ, さらに, これを $P = P(S, V)$ に代入すれば

$$P = P(S(T, V), V) = P(T, V) \tag{8.13}$$

となり, 圧力に対する系の状態方程式が得られます.

したがって, もし内部エネルギーがエントロピー S と体積 V の関数, すなわち, $U = U(S, V)$ **として具体的に得られれば**, 系の状態方程式を求めることができ, その結果, 系固有の熱力学的な特性を調べることが可能になります.

エントロピーと状態方程式

次に, 内部エネルギー U と体積 V を制御する場合を考えてみましょう. この場合, エントロピー $S = S(U, V)$ が重要な熱力学関数となります. (8.9) から

$$dS = \frac{1}{T} dU + \frac{P}{T} dV \tag{8.14}$$

となり, この式は (8.9) と同様に, 熱力学の第 1 法則と第 2 法則を表しています. そして, このように表すと, U と V がエントロピーの独立変数であると見なせます.

ここで, $S = S(U, V)$ の全微分をとると

$$dS = \left(\frac{\partial S}{\partial U}\right)_V dU + \left(\frac{\partial S}{\partial V}\right)_U dV \tag{8.15}$$

となるので，これと (8.14) を比較すると

$$\frac{1}{T} = \left(\frac{\partial S}{\partial U}\right)_V = \frac{1}{T(U,V)} \tag{8.16}$$

$$\frac{P}{T} = \left(\frac{\partial S}{\partial V}\right)_U = \frac{P(U,V)}{T(U,V)} \tag{8.17}$$

が得られます．$T = T(U,V)$ を U について解くと $U = U(T,V)$ となるので，これを $P = P(U,V)$ に代入すれば

$$P = P(U(T,V),V) = P(T,V) \tag{8.18}$$

となり，やはり圧力に対する系の状態方程式が得られます.

 したがって，エントロピーが内部エネルギー U と体積 V の関数として得られれば，系の状態方程式を求めることができるのです.

ヘルムホルツの自由エネルギーと状態方程式

 今度は，温度 T を制御する場合（等温環境）を考えてみましょう．この場合，ヘルムホルツの自由エネルギー $F = F(T,V)$ が重要な状態関数となります．ヘルムホルツの自由エネルギーは

$$F(T,V) = U(T,V) - TS(T,V) \tag{8.19}$$

で定義されます．この全微分をとると

$$dF = dU - T\,dS - S\,dT \tag{8.20}$$

となり，この dU に (8.9) を代入すると

$$dF = -P\,dV - S\,dT \tag{8.21}$$

が得られ，やはり，この式は熱力学の第1法則と第2法則を表しています.

 この関係式から，T と V をヘルムホルツの自由エネルギーの独立変数として $F = F(T,V)$ と表し，この全微分をとると

$$dF = \left(\frac{\partial F}{\partial V}\right)_T dV + \left(\frac{\partial F}{\partial T}\right)_V dT \tag{8.22}$$

となり，これと (8.21) を比較すると

$$P = -\left(\frac{\partial F}{\partial V}\right)_T = P(T, V) \tag{8.23}$$

$$S = -\left(\frac{\partial F}{\partial T}\right)_V = S(T, V) \tag{8.24}$$

が得られます．これを見ると，ヘルムホルツの自由エネルギー $F = F(T, V)$ が与えられれば，温度 T と体積 V の関数として，ただちに状態方程式 $P = P(T, V)$ が得られることがわかります．

化学ポテンシャル

　これまで，（暗黙のうちに）系の粒子数 N は変化しないと仮定していましたが，ここでは粒子数も変化する状況を考えます．この場合，内部エネルギーの独立変数に粒子数 N も加わり，$U = U(S, V, N)$ と表されます．

　系の粒子数の変化を考えるためには，系に粒子を加えるのに必要な仕事を考える必要があります．そこで，系の粒子数 N を dN だけ変化させるのに必要な仕事 δW を

$$\delta W = \mu \, dN \tag{8.25}$$

と表し，**化学ポテンシャル** μ という状態量を定義します．そして，体積の変化による仕事と粒子数の変化による仕事を合わせると $\delta W = -P \, dV + \mu \, dN$ となるので，熱力学の基本方程式 (8.9) は

$$dU = T \, dS - P \, dV + \mu \, dN \tag{8.26}$$

と表されます．

　一方，$U(S, V, N)$ の全微分をとると

$$dU = \left(\frac{\partial U}{\partial S}\right)_{V,N} dS + \left(\frac{\partial U}{\partial V}\right)_{S,N} dV + \left(\frac{\partial U}{\partial N}\right)_{V,S} dN \tag{8.27}$$

となるので，(8.26) と (8.27) を比較すると

$$T = \left(\frac{\partial U}{\partial S} \right)_{V,N} \tag{8.28}$$

$$P = - \left(\frac{\partial U}{\partial V} \right)_{S,N} \tag{8.29}$$

$$\mu = \left(\frac{\partial U}{\partial N} \right)_{V,S} \tag{8.30}$$

となることがわかります．この関係式から，**化学ポテンシャルは系に粒子を加えるときに必要なエネルギーである**と考えることができます．

エントロピー S やヘルムホルツの自由エネルギー F についても粒子数 N を独立変数に加え，$S(U, V, N)$ や $F(V, T, N)$ とすることができるので，次のような関係式が得られます（導出は例題 8 - 1）．

$$\frac{1}{T} = \left(\frac{\partial S}{\partial U} \right)_{V,N} \tag{8.31}$$

$$\frac{P}{T} = \left(\frac{\partial S}{\partial V} \right)_{U,N} \tag{8.32}$$

$$\frac{\mu}{T} = - \left(\frac{\partial S}{\partial N} \right)_{U,V} \tag{8.33}$$

$$P = - \left(\frac{\partial F}{\partial V} \right)_{T,N} \tag{8.34}$$

$$S = - \left(\frac{\partial F}{\partial T} \right)_{V,N} \tag{8.35}$$

$$\mu = \left(\frac{\partial F}{\partial N} \right)_{V,T} \tag{8.36}$$

[例題 8 - 1] 上の関係式 (8.31) 〜 (8.36) を求めなさい．

　[解] (8.26) を dS について解くと

$$dS = \frac{1}{T} \, dU + \frac{P}{T} \, dV - \frac{\mu}{T} \, dN \tag{8.37}$$

が得られ，(8.26) を (8.20) に代入すると

$$dF = -P \, dV - S \, dT + \mu \, dN \tag{8.38}$$

が得られます．一方，$S(U, V, N)$ と $F(V, T, N)$ の全微分は

$$dS = \left(\frac{\partial S}{\partial U}\right)_{V,N} dU + \left(\frac{\partial S}{\partial V}\right)_{U,N} dV + \left(\frac{\partial S}{\partial N}\right)_{U,V} dN \qquad (8.39)$$

$$dF = \left(\frac{\partial F}{\partial V}\right)_{T,N} dV + \left(\frac{\partial F}{\partial T}\right)_{V,N} dT + \left(\frac{\partial F}{\partial N}\right)_{V,T} dN \qquad (8.40)$$

となるので，それぞれを (8.37)，(8.38) と比較すれば (8.31) 〜 (8.36) が得られます．   ✦

グランドポテンシャルと状態方程式

最後に，**グランドポテンシャル**という状態関数

$$J = U - TS - \mu N \qquad (8.41)$$

を定義します．(8.41) の全微分をとると

$$dJ = dU - T\,dS - S\,dT - \mu\,dN - N\,d\mu \qquad (8.42)$$

となるので，右辺に (8.26) を代入すると

$$dJ = -S\,dT - P\,dV - N\,d\mu \qquad (8.43)$$

が得られます．これまでと同様に，この式には熱力学の第 1 法則と第 2 法則が含まれています．また，(8.43) を見るとグランドポテンシャルの独立変数は T, V, μ であることがわかるので，$J = J(T, V, \mu)$ と表すことができます．

$J(T, V, \mu)$ の全微分は

$$dJ = \left(\frac{\partial J}{\partial T}\right)_{V,\mu} dT + \left(\frac{\partial J}{\partial V}\right)_{T,\mu} dV + \left(\frac{\partial J}{\partial \mu}\right)_{T,V} d\mu \qquad (8.44)$$

となるので，(8.43) と比較すると

$$S = -\left(\frac{\partial J}{\partial T}\right)_{V,\mu} = S(T, V, \mu) \qquad (8.45)$$

$$P = -\left(\frac{\partial J}{\partial V}\right)_{T,\mu} = P(T, V, \mu) \qquad (8.46)$$

$$N = -\left(\frac{\partial J}{\partial \mu}\right)_{T,V} = N(T, V, \mu) \qquad (8.47)$$

が得られます．そして，$N = N(T, V, \mu)$ を μ について解くと $\mu = \mu(T, V, N)$ となるので，これを $P = P(T, V, \mu)$ に代入すれば

$$P = P(T, V, \mu(T, V, N)) = P(T, V, N) \tag{8.48}$$

となり，系の状態方程式が得られます．

8.4 統計力学に向けて

　この章の最後に，もう一度，熱力学と量子力学と統計力学の関係をまとめておきます．

　これまで見てきたように，内部エネルギー $U = U(S, V, N)$ を S と V と N の関数，エントロピー $S = S(U, V, N)$ を U と V と N の関数，ヘルムホルツの自由エネルギー $F = F(T, V, N)$ を T と V と N の関数，グランドポテンシャル $J = J(T, V, \mu)$ を T と V と μ の関数として与えることができれば，系のマクロ（熱力学的）な性質を表す状態量や状態方程式を，熱力学の第1法則と第2法則を組み合わせた (8.26)，(8.37)，(8.38)，(8.43) から求めることができます．

　ところが，$U = U(S, V, N)$，$S = S(U, V, N)$，$F = F(T, V, N)$，$J = J(T, V, \mu)$ の**具体的な関数形を熱力学の枠組みの中で求めることはできません**．これらは他の方法を用いて，熱力学の枠組みの外から与える必要があるのです．実験的に測定することができれば，得られたデータを用いればよいでしょう．しかし，実験的に測定するのが難しい場合や，あるいは，まだ実在していない新規の物質の場合は，そもそも測定することができません．

　そのようなとき，物質のミクロな構成要素から $U(S, V, N)$，$S(U, V, N)$，$F(T, V, N)$，$J(T, V, \mu)$ を計算することができれば，熱力学を用いることができます．ここで統計力学の出番です．なぜなら統計力学を使えば，これまで学んできたミクロな世界の力学である量子力学の知識，すなわちシュレーディンガー方程式の解から $U(S, V, N), S(U, V, N), F(T, V, N), J(T, V, \mu)$ などの状態関数を（原理的には）計算することが可能になるからです．

　次の章からは，量子力学からいかにして状態関数を計算するのかについて学んでいきましょう．

統計力学の工学への応用

　統計力学は，単独で工学への応用に利用されているというよりは，量子力学と統計力学，熱力学と統計力学，あるいは量子力学と熱力学と統計力学を組み合わせることで，様々なテクノロジーに利用されています．極端なことをいえば，エレクトロニクスやナノテクノロジーはすべて統計力学の応用ということもできるのです．

　後半部のコラムでは，本書で学ぶ統計力学の内容に直接的に関連する次のような工学への応用を紹介していきます．

- 2 準位系とレーザー（第 9 章）
- 人工知能（第 10 章）
- 様々な分布（第 11 章）
- ボース – アインシュタイン凝縮と超伝導（第 12 章）
- 太陽光による発電効率の原理限界（SQ 論文）（第 13 章）

9 孤立系の統計力学
〜ミクロカノニカル分布の方法〜

物質は，無数ともいえる膨大な数の原子核や電子たちによって構成され，それらはミクロな世界の力学法則である量子力学に従って運動しています．一方で，熱力学で学んだように，熱平衡状態の物質のマクロな（観測できる）性質は，温度，体積，粒子数などほんの数種類の物理量により特徴づけられます．では，量子力学に従う膨大な数のミクロな粒子の状態と，熱力学で表されるマクロな系の少数の物理量はどのように関連づけられるのでしょうか？　その関連を明確にし，ミクロな世界とマクロな世界を橋渡しする理論的な方法が統計力学です．

9.1　ミクロ（量子力学）とマクロ（熱力学）を結びつけるには？

ミクロな世界の物理法則である量子力学とマクロな世界の物理法則である熱力学をどのように結びつけるかについて，まずはその考え方を簡単に見ておきましょう．詳細は，この後の節で学んでいきます．

前章でも説明したとおり，熱平衡状態にあるマクロな系を考えるには，どのような物理量を制御（＝固定）しているのかをはっきりとさせておく必要があります．例えば，断熱材で囲んだ箱の中の物質について調べるのであれば，（内部）エネルギー U，体積 V，粒子数 N を固定して実験することになります．一方，実験室のビーカーの中の物質について調べるのであれば，（実験室の温度と大気圧下なので）温度 T，圧力 P，粒子数 N を固定して実験することになります．

そして，実験する環境に応じて，周囲とエネルギーのやり取りをしない系，すなわちエネルギーが一定の系を**孤立系**，粒子のやり取りはできないが，エネルギーのやり取りはできる系を**閉鎖系**，エネルギーと粒子のいずれもやり取りができる系を**開放系**といい，それぞれは明確に区別する必要があります．

　注目する系が孤立系，閉鎖系，開放系のいずれであるかに応じて，エント
ロピーやヘルムホルツの自由エネルギーやグランドポテンシャルなどの適切
な状態関数を用いれば，状態方程式や熱容量を導くことができ，注目するマ
クロな系の熱力学的な特性を明らかにすることができます．

　したがって，量子力学と熱力学を結びつける，ということは，マクロな系
が置かれた環境を把握した上で，適切な状態関数をミクロな世界の情報，す
なわち量子力学を用いて計算することに他なりません．どのような環境であ
っても量子力学から状態関数を計算するという点では同じですが，エントロ
ピーやヘルムホルツの自由エネルギーやグランドポテンシャルなどの計算を
したい状態関数に応じて，計算方法が異なります（それぞれ，**ミクロカノニ
カル分布の方法，カノニカル分布の方法，グランドカノニカル分布の方法**と
いわれています）．

　はじめて統計力学を学ぶと，ミクロカノニカル分布の方法，カノニカル分
布の方法，グランドカノニカル分布の方法など，量子力学と熱力学の結びつ
け方が複数あるため，なぜいくつもの方法があるのか，どの方法を用いれば
よいのかと混乱するかもしれません．しかし，マクロな系の置かれた環境に
応じて主役となる状態関数が異なるという熱力学の考え方を理解していれ
ば，状態関数ごとに量子力学からの計算方法が異なることも納得できるは
ずです．ただし，すべての計算方法が独立で互いに無関係というわけではな
く，ミクロカノニカル分布の方法を基本としてカノニカル分布やグランドカ
ノニカル分布の方法が導かれます．

9.2　等重率の原理とミクロカノニカル分布

9.2.1　ミクロな状態とマクロな状態の対応関係

　ミクロな世界の物理法則である量子力学は，エネルギー保存則を満たし
ます．したがって，量子力学ではエネルギーが一定の系を考えていることに
なります．そのため，ミクロな量子力学の世界とマクロな世界をつなげよう
とするときは，まずは内部エネルギー U（と体積 V と粒子数 N）が一定の
系，すなわち孤立系の熱平衡状態を対象にするのが自然な考え方といえるで
しょう．

　まず，マクロな状態の表し方について考えてみましょう．前章で学んだように，熱平衡状態は状態量の組 (U, V, N) が制御された上で実現しているので，(U, V, N) を1つ指定することにより，マクロな状態を表すことができます．そして，熱力学で導かれた状態量の間の種々の関係式を用いることで，様々な熱力学量を調べることができ，マクロな世界の熱平衡状態を理解することができます．

　次に，ミクロな状態の表し方を考えてみましょう．4.2.2項で学んだように，マクロな系のような多くの粒子が存在する系では，1つのエネルギー固有値に対するミクロな状態の縮退数は極めて多くなります．そのため，(U, V, N) で指定されるマクロな状態には，縮退した膨大な数のミクロな状態が対応することになります．

　したがって，熱平衡状態にあるマクロな世界（＝熱力学）をミクロな世界（＝量子力学）とつなげるためには，1つのマクロな状態 (U, V, N) と数多く存在するミクロな状態 $(n_{1x}, n_{1y}, n_{1z}, \cdots, n_{Nx}, n_{Ny}, n_{Nz})$ の間に成り立つ関係を明らかにする必要があります[1]．

　結論をいってしまうと，この両者の関係については，**与えられたある1つの (U, V, N) を満たす数多くのミクロな状態は，わずかな例外を除いて，どれもがマクロな系の熱平衡状態に対応する**と考えます．これをミクロな状態の**典型性**といいます（図9.1）．「わずかな例外」とは，この (U, V, N) を満たすミクロな状態のうち，熱平衡状態とは見なせない状態（＝非平衡状態）のことです．非平衡状態に対応する例外的なミクロな状態は，熱平衡状態に対応するミクロな状態に比べ，その数が圧倒的に少ないため，マクロな系の状態としては現れない（現れる確率がゼロ）と考えます．

　このように熱平衡状態に対応するミクロな状態を考えると，熱平衡状態の性質は，**ある1つの (U, V, N) という条件のもとで数多く存在するミクロな**

---

　[1]　ミクロな世界のエネルギーはエネルギー固有値として離散的になるので，たまたまマクロなエネルギー U が隣接するエネルギー固有値間の値になっていると，U に対応するエネルギー固有値が存在しない場合があります．そのような場合を考慮して，ミクロな状態とマクロな状態の対応を考えるときには，U に小さな幅 ΔU をもたせ，エネルギーの区間 $[U, U+\Delta U]$ に含まれるミクロな状態とマクロな状態の関係について考えることになります．このような取り扱いについては，9.4.1項で具体的に説明します．

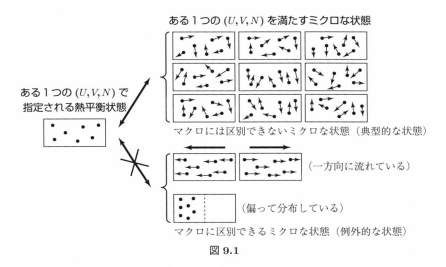

ある1つの (U,V,N) を満たすミクロな状態

ある1つの (U,V,N) で指定される熱平衡状態

マクロには区別できないミクロな状態（典型的な状態）

（一方向に流れている）

（偏って分布している）

マクロに区別できるミクロな状態（例外的な状態）

図 9.1

状態の典型的な性質が現れたもの，と考えることができます．我々は，これをミクロとマクロをつなぐ統計力学の出発点とします．

9.2.2 等重率の原理とミクロカノニカル分布

前項で述べたように，与えられたある1つの (U,V,N) を満たすミクロな状態を適当に1つ選び，その波動関数を用いて物理量の量子力学的な期待値 (3.18) を計算すれば，（ほぼ間違いなく）マクロな系の熱平衡状態における物理量が計算できることになります．しかし，ミクロな状態を適当に1つ選ぶというのも恣意的な感じがします．そこで，与えられた (U,V,N) のもとで，熱平衡状態に対応するミクロな状態と，そうでない例外的なミクロな状態を，すべて平等に扱い，**与えられたある1つの (U,V,N) を満たすミクロな状態は，マクロな系の状態としてすべて同じ確率で出現する（等重率の原理）**とし，この確率を用いて，知りたい物理量の平均値を計算します．こうすると，どの状態も同じ確率で平等に出現するため，熱平衡状態に対応しない数少ないミクロな状態の影響は，平均をとる段階で消えてしまいます．

マクロな系の物理量を具体的に計算するために，等重率の原理に基づくミクロな状態の出現確率を求めてみましょう．与えられたある1つの (U,V,N)

のもとで，ミクロな状態の数が $W(U, V, N)$ 個あるとします．等重率の原理より，$W(U, V, N)$ 個のミクロな状態のどれもが，等しい確率でマクロな系の状態として出現するので，あるミクロな状態 i が出現する確率 p_i^{mc} は

$$p_i^{\mathrm{mc}} = \frac{1}{W(U, V, N)} \tag{9.1}$$

と与えられ，この確率 $\{p_1^{\mathrm{mc}}, p_2^{\mathrm{mc}}, \cdots\}$ を**ミクロカノニカル分布**といいます．(9.1) は，等重率の原理を数式で表現したものに他なりません．

　物理量 A の平均値 $\overline{A}$ は，ミクロな状態（＝エネルギー固有状態）i ごとの物理量 A の量子力学的な期待値 $\langle A \rangle_i$ に確率 p_i^{mc} を掛けて，すべての i について和をとることで計算することができます．すなわち，物理量 A の平均値 $\overline{A}$ は，

$$\begin{aligned}
\overline{A} &= \sum_i p_i^{\mathrm{mc}} \langle A \rangle_i \\
&= \frac{1}{W(U, V, N)} \sum_i \langle A \rangle_i
\end{aligned} \tag{9.2}$$

となります．ただし i の和は，与えられたある 1 つの (U, V, N) を満たす，すべてのエネルギー固有状態にわたってとります．

　以上より，量子力学を用いて，ミクロな状態の数 $W(U, V, N)$ と知りたい物理量の（量子力学的な）期待値 $\langle A \rangle_i$ を計算することができれば，ミクロカノニカル分布 (9.1) による平均操作 (9.2) により，マクロな系の物理量を計算できることがわかりました．これにより，ミクロな世界とマクロな世界をつなげるという我々の目標はひとまず達成できたことになるのです．

9.3　統計力学的エントロピー 〜 ボルツマンの原理 〜

9.3.1　エントロピーと熱力学量

　第 8 章で説明したように，(U, V, N) が制御された（すなわち，U と V と N が与えられた）系では，熱平衡状態に関するマクロな系の情報はすべてエントロピー $S(U, V, N)$ に含まれています（8.3.2 項を参照）．すなわち，他の熱力学量である温度 T，圧力 P，化学ポテンシャル μ などは (8.31) 〜 (8.33) より

$$\frac{1}{T(U,V,N)} = \frac{\partial S(U,V,N)}{\partial U} \tag{9.3}$$

$$P(U,V,N) = T\frac{\partial S(U,V,N)}{\partial V} \tag{9.4}$$

$$\mu(U,V,N) = -T\frac{\partial S(U,V,N)}{\partial N} \tag{9.5}$$

として，エントロピーを偏微分することで簡単に求めることができ，これら
から状態方程式も導くことができます.

　したがって，マクロな系の物理量を求めるたびに (9.2) を用いて平均値を
計算せずとも，ひとたびミクロな状態を使って $S(U,V,N)$ を計算すること
ができれば，(9.3)，(9.4)，(9.5) などの熱力学の関係式を使って，マクロな
系の物理量を計算することができます.

　ところが，エントロピーは (9.2) の方法で計算することはできません. な
ぜなら，$W(U,V,N)$ を計算できたとしても，$S(U,V,N)$ に対応するミクロ
な物理量が存在しないため，その量子力学的な期待値 $\langle A \rangle_i$ を計算できない
からです.

　エントロピーは，(U,V,N) が制御されたマクロな世界のあらゆる情報を
もつ，最も基本的な熱力学量です. それにもかかわらず，ミクロな世界の量
を用いてエントロピーを計算できないとなると，ミクロとマクロをつなぐと
いう目標には不十分です. そこで，熱力学におけるエントロピーの特徴を確
認しながら，等重率の原理に基づき，統計力学的なエントロピーを導出して
みましょう.

9.3.2　ボルツマンの原理と統計力学的なエントロピー

　図 9.2 のように，熱平衡状態にある
2 つの孤立した物体 A と B を考えま
す. このとき，A と B のエネルギーは
それぞれ U_A と U_B であるとします.
ここで，A と B を接触させると，両者
の間でエネルギーのやり取りをし，あ
るエネルギーの配分で熱平衡状態にな

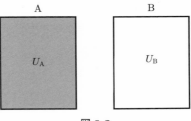

図 **9.2**

ります．AとBのそれぞれのエネルギーは変化しますが，全体では一定に保たれていることに注意してください．

$$U = U_A + U_B \quad (= 一定) \tag{9.6}$$

さて，この熱平衡状態はどのように表現することができるでしょうか？ここで，量子力学的なミクロな観点と熱力学的なマクロな観点から熱平衡の条件を表現してみましょう．まずはミクロな観点から見ていきます．

AとBが接触せず，それぞれのエネルギーがU_AとU_Bであるとき，それぞれの状態数を$W_A(U_A)$と$W_B(U_B)$とします．すると，AとBを合わせた全系の状態数$W(U_A, U_B)$は

$$W(U_A, U_B) = W_A(U_A) W_B(U_B) \tag{9.7}$$

となります．右辺が$W_A(U_A)$と$W_B(U_B)$の足し算ではなく掛け算になるのは，全系の状態が，それぞれ独立なAの状態とBの状態の組み合わせで決まるからです．また，全系のエネルギーがUであるときの状態数$W(U)$は，(9.6)という条件のもとでU_AとU_Bのあらゆる組み合わせに対する和で与えられます．

$$W(U) = \sum_{U = U_A + U_B} W(U_A, U_B) \tag{9.8}$$

等重率の原理より，$W(U)$個の状態はすべて同じ確率で出現するので，$W(U)$個の状態のうち，AとBのエネルギーがU_AとU_Bとなる確率は

$$\frac{W(U_A, U_B)}{W(U)} \tag{9.9}$$

で与えられます．AとBを接触させたとき，両者でエネルギーをやり取りしながら熱平衡状態になりますが，これは等重率の原理よりこの確率(9.9)が最大になるとき，あるいは，$W(U_A, U_B)$が最大になる（極値をとる）ときなので，数式で表現すれば，

$$\frac{dW(U_A, U_B)}{dU_A} = 0 \tag{9.10}$$

と書くことができます（$dW(U_A, U_B)/dU_B = 0$としても同じです）．

(9.6) と (9.7) に注意して，この関係式を変形していくと

$$\frac{dW(U_\mathrm{A}, U_\mathrm{B})}{dU_\mathrm{A}} = 0$$

$$\longleftrightarrow \quad \frac{d(W_\mathrm{A}(U_\mathrm{A})\, W_\mathrm{B}(U_\mathrm{B}))}{dU_\mathrm{A}} = 0$$

$$\longleftrightarrow \quad \frac{dW_\mathrm{A}(U_\mathrm{A})}{dU_\mathrm{A}}\, W_\mathrm{B}(U_\mathrm{B}) + W_\mathrm{A}(U_\mathrm{A}) \underbrace{\frac{dW_\mathrm{B}(U_\mathrm{B})}{dU_\mathrm{A}}}_{\frac{dW_\mathrm{B}(U_\mathrm{B})}{d(-U_\mathrm{B})}\ (\because\ (9.6))} = 0$$

$$\longleftrightarrow \quad \frac{dW_\mathrm{A}(U_\mathrm{A})}{dU_\mathrm{A}}\, W_\mathrm{B}(U_\mathrm{B}) - W_\mathrm{A}(U_\mathrm{A}) \frac{dW_\mathrm{B}(U_\mathrm{B})}{dU_\mathrm{B}} = 0 \qquad (9.11)$$

となります．ここで，両辺を $W_\mathrm{A}(U_\mathrm{A}) W_\mathrm{B}(U_\mathrm{B})$ で割り，対数微分の公式 $\dfrac{d(\log f(x))}{dx} = \dfrac{1}{f(x)} \dfrac{df(x)}{dx}$ を用いると

$$\frac{1}{W_\mathrm{A}(U_\mathrm{A})} \frac{dW_\mathrm{A}(U_\mathrm{A})}{dU_\mathrm{A}} - \frac{1}{W_\mathrm{B}(U_\mathrm{B})} \frac{dW_\mathrm{B}(U_\mathrm{B})}{dU_\mathrm{B}} = 0$$

$$\longleftrightarrow \quad \frac{d(\log W_\mathrm{A}(U_\mathrm{A}))}{dU_\mathrm{A}} = \frac{d(\log W_\mathrm{B}(U_\mathrm{B}))}{dU_\mathrm{B}} \qquad (9.12)$$

となります．これが，等重率の原理から見たときのミクロな状態に対する熱平衡の条件です．

　一方，熱力学での熱平衡の条件はエントロピーが変化しない状態なので，A と B のエントロピーをそれぞれ $S_\mathrm{A}(U_\mathrm{A})$ と $S_\mathrm{B}(U_\mathrm{B})$ とすれば，

$$\frac{dS_\mathrm{A}(U_\mathrm{A})}{dU_\mathrm{A}} = \frac{dS_\mathrm{B}(U_\mathrm{B})}{dU_\mathrm{B}} \qquad (9.13)$$

で与えられます．

　(9.12) と (9.13) はいずれも熱平衡状態を表す条件なので，$S(U) \propto \log W(U)$ とすれば，両者を同一視できることがわかります．比例係数は，熱力学的なエントロピーと定量的に一致させるように選べばよく，ボルツマン定数 $k_\mathrm{B} = 1.380649 \times 10^{-23}$ J/K を用いると，統計力学的なエントロピーとして

$$S(U, V, N) = k_\mathrm{B} \log W(U, V, N) \qquad (9.14)$$

を得ることができます.

　このようにして，ミクロな世界の量である量子力学的な状態の数 $W(U, V, N)$ とマクロな世界の量であるエントロピー $S(U, V, N)$ をつなげることができました.　**この関係式 (9.14) は，ミクロな世界とマクロな世界をつなぐ最も重要な関係式**で，**ボルツマンの原理**といいます.　エントロピーが得られれば，熱力学で知られているエントロピーとマクロな物理量の間に成り立つ関係式 (9.3) ～ (9.5) を使うことができるので，様々なマクロな物理量を簡単に計算することができます.

9.4　ミクロカノニカル分布の応用

　9.3.2 項で述べたように，時間に依存しないシュレーディンガー方程式の解からミクロな状態数を計算することができれば，エントロピー (9.14) を計算し，(9.3) ～ (9.5) などの熱力学的な関係式を利用することで，熱平衡状態にあるマクロな系について考えることができます.　ここでは，ミクロカノニカル分布の方法の応用として，単原子分子の理想気体の状態方程式と固体の熱容量を計算してみましょう.

9.4.1　単原子分子の理想気体の状態方程式
ミクロな状態と状態数の計算

　まずは，単原子分子の理想気体の熱平衡状態について考えてみましょう. 理想気体は，第 4 章で説明した体積 $V = a^3$ の箱の中の N 個の自由粒子として考えることができます.　ミクロな状態は $\{n\} = (n_{1x}, n_{1y}, n_{1z}, \cdots, n_{Nx}, n_{Ny}, n_{Nz})$ の組み合わせで表すことができ，そのエネルギー固有値は (4.42) より

$$E_{\{n\}} = \frac{\pi^2 \hbar^2}{2ma^2} \sum_{i=1}^{N} (n_{ix}^2 + n_{iy}^2 + n_{iz}^2) \tag{9.15}$$

と与えられたので，エネルギー U を固定したときのミクロな状態数 $W(U)$ は，

$$U = E_{\{n\}} \tag{9.16}$$

を満たすような $\{n\}$ の組み合わせの数になります. しかし, この組み合わせの数を求め, ある決まったエネルギー U の状態数 $W(U)$ を直接計算するよりも, U より小さいエネルギーをもつ量子状態の数 $\Omega(U)$ を求める方が簡単です. そこで, $\Omega(U)$ を求めてから, それを用いて $W(U)$ を計算する方法を説明します.

これまで N 粒子の量子数は, 各粒子ごとの 3 つの量子数 (n_x, n_y, n_z) を N 個集めたものとして表していましたが, 1〜$3N$ までの番号をつけて $(n_1, n_2, \cdots, n_{3N})$ と表すこともできます. すると, エネルギー固有値は (9.15) より

$$E_{\{n\}} = \frac{1}{2m} \sum_{i=1}^{3N} p_i^2 \tag{9.17}$$

となります. ただし, ここで

$$p_i = \frac{\pi\hbar n_i}{a} \qquad (i = 1, 2, \cdots, 3N) \tag{9.18}$$

とおきました.

(9.18) より, $p_1, \cdots, p_{3N}$ を軸とする $3N$ 次元空間に, 量子状態がどのように分布しているかがわかります. まず簡単のため, 粒子数が 1 の場合 $(N = 1)$ を考えてみましょう. (9.18) で $N = 1$ とすると, 量子状態は p_1, p_2, p_3 を軸とする 3 次元空間の $p_1 > 0$, $p_2 > 0$, $p_3 > 0$ の部分 $(= 全空間の 1/2^3 = 1/8)$ に $(\pi\hbar/a) \times (\pi\hbar/a) \times (\pi\hbar/a) = (\pi\hbar)^3/V$ の間隔で, すなわち,

$$\frac{(\pi\hbar)^3}{V/2^3} \tag{9.19}$$

の割合で分布していることがわかります (図 9.3). ここで, $V = a^3$ です.

同様にして, 粒子数が N の場合には, $p_1, \cdots, p_{3N}$ を軸とする $3N$ 次元空間の $p_1 > 0, \cdots, p_{3N} > 0$ の部分 $(= 全空間の 1/2^{3N})$ を

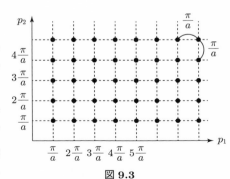

図 9.3

$(\pi\hbar)^{3N}/V^N$ ごとに，すなわち，

$$\frac{(\pi\hbar)^{3N}}{V^N/2^{3N}} = \frac{(2\pi\hbar)^{3N}}{V^N} \tag{9.20}$$

の割合で分布していることになります．

したがって，(9.20) より，エネルギーが U より小さい量子状態の数 $\Omega(U)$ は，$3N$ 次元空間で半径 $\sqrt{2mU}$ の球を考えたとき[2]，その球の体積 の $\dfrac{1}{2^{3N}}$ 中を $(\pi\hbar)^{3N}/V^N$ で分布している量子状態の数として求めることが できます．

n 次元空間の半径 R の超球の体積 $V_n(R)$ は

$$V_n(R) = \frac{2\pi^{n/2}}{n\,\Gamma\left(\dfrac{n}{2}\right)} R^n \tag{9.21}$$

で与えられることが知られています（章末問題 9 - 1）．ここで $\Gamma(n)$ は**ガンマ関数**という関数で，$\Gamma(n) = (n-1)!$ という関係があります．したがっ て，$\Omega(U)$ は $R = \sqrt{2mU}$ より

$$\begin{aligned}
\Omega(U) &= \frac{V_{3N}(\sqrt{2mU})}{\dfrac{(2\pi\hbar)^{3N}}{V^N}} \\
&= \frac{V^N}{(2\pi\hbar)^{3N}} \frac{2\pi^{3N/2}}{3N\,\Gamma(3N/2)} (2mU)^{3N/2}
\end{aligned} \tag{9.22}$$

となります．

ところで，第 12 章で説明するように，量子力学の世界では，同種粒子は 互いに区別することができないという性質があるので，上のように粒子を区 別して数えると数えすぎになります．それを防ぐために，(9.22) で得られた $\Omega(U)$ を $N!$ で割る必要があります．

結局，エネルギーが U より小さい量子状態の数は

$$\Omega(U) = \frac{1}{N!} \frac{V^N}{(2\pi\hbar)^{3N}} \frac{2\pi^{3N/2}}{3N\,\Gamma(3N/2)} (2mU)^{3N/2} \tag{9.23}$$

---

2)　3 次元の球とは限らないので「超球」といいます．

となります.

エントロピーを計算するには, (9.14) で述べたようにエネルギーが U に等しい量子状態の数を求める必要があります. そこで 114 ページの脚注 1) で説明したように, そのエネルギーに十分に小さな幅 ΔU をもたせ, エネルギーが区間 $[U, U + \Delta U]$ にある量子状態の数 $\Omega(U + \Delta U) - \Omega(U)$ を求めることにし, それを $W(U)$ とすると,

$$
\begin{aligned}
W(U) &= \Omega(U + \Delta U) - \Omega(U) \\
&= \frac{d\Omega(U)}{dU} \Delta U
\end{aligned}
\tag{9.24}
$$

として簡単に求めることができます. したがって, (9.23) より

$$
W(U) = \frac{1}{N!} \frac{V^N}{\Gamma(3N/2)} \left(\frac{mU}{2\pi\hbar^2} \right)^{3N/2} \frac{\Delta U}{U}
\tag{9.25}
$$

となります.

エントロピーの計算

状態数 $W(U)$ が求まったので, エントロピーは次の例題 9–1 のようにして

$$
S(U) = Nk_{\mathrm{B}} \left[\log \frac{V}{N} \left(\frac{mU}{3\pi\hbar^2 N} \right)^{3/2} + \frac{5}{2} \right]
\tag{9.26}
$$

と求めることができます.

▌**[例題 9–1]** (9.25) で与えられる状態数 $W(U)$ から, (9.26) で与えられるエントロピー $S(U)$ を求めなさい.

[解] (9.25) の対数をとると

$$
\begin{aligned}
\log W &= \log \left[\frac{1}{N!} \frac{V^N}{\Gamma(3N/2)} \left(\frac{mU}{2\pi\hbar^2} \right)^{3N/2} \frac{\Delta U}{U} \right] \\
&= N \log \left[V \left(\frac{mU}{2\pi\hbar^2} \right)^{3/2} \right] - \log N! - \log \Gamma\left(\frac{3}{2}N \right) + \log \frac{\Delta U}{U}
\end{aligned}
\tag{9.27}
$$

となります. ここで, ガンマ関数の性質

$$\Gamma\left(\frac{3}{2}N\right) = \left(\frac{3}{2}N - 1\right)! \tag{9.28}$$

と, $n \gg 1$ のときに成り立つ**スターリングの公式**

$$\log n! \simeq n \log n - n \tag{9.29}$$

を用いると, (9.27) の第 2 項と第 3 項は

$$\log N! \overset{(9.29)}{\simeq} N \log N - N \tag{9.30}$$

$$\log \Gamma\left(\frac{3}{2}N\right) \overset{(9.28)}{=} \log\left(\frac{3}{2}N - 1\right)!$$

$$\overset{(9.29)}{\simeq} \left(\frac{3}{2}N - 1\right)\log\left(\frac{3}{2}N - 1\right) - \left(\frac{3}{2}N - 1\right)$$

$$\simeq \frac{3}{2}N \log\left(\frac{3}{2}N\right) - \frac{3}{2}N \tag{9.31}$$

となります. ただし, $N \gg 1$ なので, 最後の行で $\frac{3}{2}N - 1 \simeq \frac{3}{2}N$ としました. また, (9.27) の最後の項は, $\Delta U/U \ll 1$ なので無視することができます.

以上より,

$$\log W \simeq N \log\left[V\left(\frac{mU}{2\pi\hbar^2}\right)^{3/2}\right] - N \log N + N - \frac{3}{2}N \log\left(\frac{3}{2}N\right) + \frac{3}{2}N$$

$$= N\left[\log \frac{V}{N}\left(\frac{mU}{3\pi\hbar^2 N}\right)^{3/2} + \frac{5}{2}\right] \tag{9.32}$$

となるので, これを (9.14) に代入すれば, (9.26) が得られます. ✦

状態方程式の導出

(9.26) のようにエントロピーが求まったので, これを用いて理想気体の様々な物理量を計算することができます. まずは, 理想気体の温度を計算してみましょう.

(9.26) の [ ] の中を, $\log$ の性質を用いて U に依存する部分と依存しない部分に分けると

$$S(U) = Nk_{\mathrm{B}}\left(\frac{3}{2}\log \frac{mU}{3\pi\hbar^2 N} + \log \frac{V}{N} + \frac{5}{2}\right) \tag{9.33}$$

となるので, (9.3) より

$$\frac{1}{T} = \frac{\partial S}{\partial U} = \frac{3}{2}Nk_{\mathrm{B}}\frac{1}{U} \tag{9.34}$$

となり，内部エネルギーが

$$U = \frac{3}{2}Nk_{\mathrm{B}}T \tag{9.35}$$

のように得られます．これは理想気体のエネルギーの式としてよく知られた関係式です．さらに，定積熱容量 C と内部エネルギー U の関係を用いると，定積熱容量 C は

$$C = \frac{\partial U}{\partial T} = \frac{3}{2}Nk_{\mathrm{B}} \tag{9.36}$$

となります．

次に，理想気体の圧力 P を計算してみましょう．(9.33) と (9.4) より

$$P = T\frac{\partial S}{\partial V} = T\frac{Nk_{\mathrm{B}}}{V} \tag{9.37}$$

となるので，

$$PV = Nk_{\mathrm{B}}T \tag{9.38}$$

が得られます．これは理想気体の状態方程式に他なりません．

以上のように，ミクロな世界の基礎方程式であるシュレーディンガー方程式の解から，マクロな世界の熱力学的な情報をすべてもっているエントロピー (9.26) を求めることができ，その結果，状態方程式 (9.38) を導出することができました．このように，統計力学を用いることでミクロとマクロをつなげることができます．

なお，(9.14) で統計力学的なエントロピーを定義したときに，比例係数をボルツマン定数 k_{B} としましたが，これは上記のように理想気体の状態方程式などを再現できるように選んだことが理由です．

9.4.2 固体の定積熱容量

アインシュタインは，固体を構成する原子は量子力学的な調和振動をしているとして（これを**アインシュタイン模型**といいます）定積熱容量を求めま

した（図 9.4）．1つの原子は x, y, z 方向のそれぞれ
に対して調和振動しているため，この原子が固体中
に N 個あるとすると，固体中には $N \times 3$ 方向とし
て $3N$ 個の調和振動子があると考えることができま
す．そして，$3N$ 個の調和振動子を $i = 1, 2, \cdots, 3N$
で区別すると，第5章で説明したように，1つの調
和振動子のエネルギー固有値は

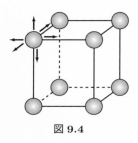

図 9.4

$$E_i = \hbar\omega\left(n_i + \frac{1}{2}\right) \qquad (n_i = 0, 1, 2, \cdots) \tag{9.39}$$

で与えられたので，固体中の N 個の原子の調和振動に対するエネルギーは

$$U = \sum_{i=1}^{3N} \hbar\omega\left(n_i + \frac{1}{2}\right) = M\hbar\omega + \frac{3N}{2}\hbar\omega \tag{9.40}$$

となります．ここで

$$M = n_1 + n_2 + \cdots + n_{3N} \tag{9.41}$$

とおきました．

　(9.40) より，同じ M に対して $(n_1, n_2, \cdots, n_{3N})$ の組み合わせは多数あり
ます．したがって，U を固定したときのミクロな状態数 $W(U)$ は，M を固
定したときの $\{n_1, n_2, \cdots, n_{3N}\}$ の組み合わせの数を数えればよいことにな
ります．各 n_i はゼロ以上の整数値をとるので，この組み合わせの数は M 個
の玉を空の場合も含めて $3N$ 個の箱に配る組み合わせの数に等しくなりま
す．そこで，M 個の玉を並べ，そこに $3N - 1$ 個の仕切りを入れると考え
れば，組み合わせの公式を用いて

$$W(U) = \frac{(M + 3N - 1)!}{M!(3N - 1)!} \tag{9.42}$$

となります．ここで，固体中の原子の数は膨大なので，$N \gg 1$ となります．
このとき，スターリングの公式 (9.29) が成り立つことに注意し，(9.42) を
ボルツマンの原理 (9.14) に代入すると

$$S(U) = k_{\mathrm{B}} \log W(U) = k_{\mathrm{B}} \log \frac{(M + 3N)!}{M!(3N)!}$$

$$= k_{\mathrm{B}} \left[\log(M + 3N)! - \log M! - \log(3N)!\right]$$

$$\overset{(9.29)}{\simeq} k_{\mathrm{B}}(M + 3N) \log(M + 3N) - k_{\mathrm{B}} M \log M - 3 k_{\mathrm{B}} N \log(3N) \tag{9.43}$$

が得られます. ただし, $N \gg 1$ なので, $3N - 1 \simeq 3N$ としました. ここで, (9.40) より

$$M = \frac{U}{\hbar\omega} - \frac{3N}{2} \tag{9.44}$$

となるので, M はエネルギーの関数であることに注意してください.

　以上より, エントロピーを求めることができたので, (9.3)〜(9.5) によって様々な物理量を計算することができます. 次の例題 9 - 2 と 9 - 3 で, 温度とエネルギーの関係を求めてみましょう.

[例題 9 - 2]　(9.43) から温度をエネルギーの関数として求めなさい.

　[解]　熱力学の公式 (9.3) を用いると

$$\frac{1}{T} = \frac{\partial S(U)}{\partial U} = \frac{\partial S(U)}{\partial M} \frac{\partial M}{\partial U}$$

$$= \frac{k_{\mathrm{B}}}{\hbar\omega} \log\left(\frac{M + 3N}{M}\right)$$

$$\overset{(9.44)}{=} \frac{k_{\mathrm{B}}}{\hbar\omega} \log\left(\frac{\dfrac{U}{\hbar\omega} + \dfrac{3N}{2}}{\dfrac{U}{\hbar\omega} - \dfrac{3N}{2}}\right) \tag{9.45}$$

となります.　　　　　　　　　　　　　　　　　　　　　　　　　　　　◆

[例題 9 - 3]　(9.43) からエネルギーを温度の関数として表し, 定積熱容量を計算しなさい.

　[解]　上で得られた温度 (9.45) を U について解くと

$$U = 3N\left(\frac{1}{2}\hbar\omega + \frac{\hbar\omega}{e^{\hbar\omega/k_{\mathrm{B}}T} - 1}\right) \tag{9.46}$$

となります．したがって，定積熱容量は

$$C = \frac{\partial U}{\partial T} = \frac{-3N\hbar\omega}{(e^{\hbar\omega/k_{\mathrm{B}}T} - 1)^2} \frac{\partial}{\partial T} \left(e^{\hbar\omega/k_{\mathrm{B}}T} \right)$$

$$= \frac{-3N\hbar\omega}{(e^{\hbar\omega/k_{\mathrm{B}}T} - 1)^2} e^{\hbar\omega/k_{\mathrm{B}}T} \frac{\partial}{\partial T} \left(\frac{\hbar\omega}{k_{\mathrm{B}}T} \right)$$

$$= 3N\hbar\omega \frac{\hbar\omega}{k_{\mathrm{B}}T^2} \frac{e^{\hbar\omega/k_{\mathrm{B}}T}}{(e^{\hbar\omega/k_{\mathrm{B}}T} - 1)^2}$$

$$= 3Nk_{\mathrm{B}} \left(\frac{\hbar\omega}{k_{\mathrm{B}}T} \right)^2 \frac{e^{\hbar\omega/k_{\mathrm{B}}T}}{(e^{\hbar\omega/k_{\mathrm{B}}T} - 1)^2} \tag{9.47}$$

と計算することができます．定積熱容量と温度の関係をグラフにすると，図 9.5 のようになります．高温の極限で定積熱容量が一定値 $3Nk_{\mathrm{B}}$ となるのは，**デュロン - プティの法則**として知られています．

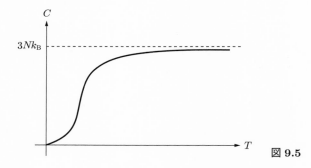

図 9.5

✦

章 末 問 題

9 - 1 n 次元空間の半径 R の超球の体積 $V_n(R)$ は，次元 n に依存した定数 a_n と半径 R を用いて

$$V_n(R) = a_n R^n \tag{9.48}$$

と表すことができます．これに注意して，以下の手順で n 次元空間の半径 R の超球の体積 (9.21) を導きなさい．

(1) 次の積分を示しなさい．

$$I = \int_{-\infty}^{\infty} \cdots \int_{-\infty}^{\infty} e^{-(x_1^2 + \cdots + x_n^2)} \, dx_1 \cdots dx_n = \pi^{n/2} \tag{9.49}$$

(2) n 次元空間の座標を $x_1, \cdots, x_n$ とし，この座標に極座標を導入すると，原点からの距離 r は $r^2 = x_1^2 + \cdots + x_n^2$ となります．このとき，(9.49) の積分は

$$I = n a_n \int_0^{\infty} e^{-r^2} r^{n-1} \, dr \tag{9.50}$$

と書けることを示しなさい．

(3) ガンマ関数の積分表示 $\Gamma(z) = \int_0^{\infty} t^{z-1} e^{-t} \, dt$ を用いると，(9.50) は

$$I = \frac{1}{2} n a_n \, \Gamma\left(\frac{n}{2}\right) \tag{9.51}$$

となることを示しなさい．この結果と (9.49) を比較すると a_n が求まるので，(9.48) より (9.21) が得られます．

9 - 2 N 個の粒子が，エネルギー ϵ_1 と ϵ_2 の 2 つの状態 1,2 のいずれかをとるとき（このような系を **2 準位系**といいます），エントロピーと熱容量を求めなさい．

─── *Coffee Break* ───

2 準位系とレーザー

章末問題 9–2 で 2 準位系を取り上げました．これは 2 つの状態だけしかない非常に単純な系ですが，レーザーの動作原理を理解するために重要です．

2 準位系のエネルギーを計算するとわかるように，熱平衡状態では N 個の粒子のうち，状態 1 と状態 2 を占める粒子数はそれぞれ $Ne^{-\epsilon_1/k_BT}$ と $Ne^{-\epsilon_2/k_BT}$ に比例します（ただし，$\epsilon_2 > \epsilon_1$ とします）．$\epsilon_2 > \epsilon_1$ なので，熱平衡状態ではエネルギーの低い状態（＝基底状態）を多くの粒子が占めることになります．

しかし，うまく工夫をすることで，あえて熱平衡状態を壊し，高いエネルギーをもつ状態（＝励起状態）に多くの粒子が占めるようにすることができます．平衡状態と比べて，粒子数の分布が反転しているので，このような人工的な分布を**反転分布**といいます．

励起状態にいる電子は，光を放つことでエネルギーを失い，基底状態に戻ります．このとき，励起状態にいる電子が自発的に光を放出して基底状態に戻る過程を**自然放出**といい，外から光を照射し，その光との相互作用で励起状態から基底状態に戻る過程を**誘導放出**といいます．誘導放出では，外からの光と励起状態から基底状態に戻る際に生じる光の位相が揃い，強度も大きくなります．

すなわちレーザーは，粒子数が反転分布した物質に外から光を与え，光の位相を揃えることにより，強度が増幅した光を誘導放出させるものです．

10

閉鎖系の統計力学

～カノニカル分布の方法～

前章では，ミクロな世界とマクロな世界を結ぶ方法として，等重率の原理に基づくミクロカノニカル分布を学びました．このとき，ミクロな状態の数を計算することさえできれば，ボルツマンの原理を用いてエントロピーが求まるので，孤立系の熱平衡状態におけるマクロな物理量を計算できました．しかし，**ミクロカノニカル分布では孤立系を対象としているため，周囲とエネルギーや粒子のやり取りができるような系（閉鎖系や開放系）を直接取り扱うことができません．**閉鎖や開放系では，エネルギーや粒子数が一定ではないからです．

閉鎖系や開放系では，ミクロカノニカル分布とは異なる確率に従ってミクロな状態が出現します．そして，その確率はミクロカノニカル分布（等重率の原理）を利用して導くことができます．

そこで，この章では，**カノニカル分布**という新たな確率を導入し，閉鎖系における熱平衡状態をミクロな状態から計算する方法について学びます．

10.1 ミクロカノニカル分布からカノニカル分布へ

10.1.1 カノニカル分布

等温下などの熱平衡状態にある閉鎖系では，外部とエネルギーのやり取りができてエネルギーが一定ではないため，様々なエネルギーをもったミクロな状態が現れます．このような場合の熱平衡状態が，ミクロな状態のどのような確率と対応しているかを導いてみましょう．そのために，注目している系がこの系よりも十分に大きな系（これを**熱浴**といいます）と接触し，系と熱浴との間にエネルギーのやり取りがある状況を考えます（図 10.1）．ただし，系と熱浴を合わせた複合系全体は孤立系であるとし

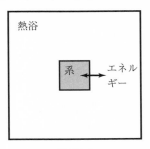

図 10.1

ます．したがって，系と熱浴のエネルギーをそれぞれ E, E_{B} とし，複合系のエネルギーを U_{T} とすれば，U_{T} は一定であり

$$E + E_{\mathrm{B}} = U_{\mathrm{T}} \, (= 一定) \tag{10.1}$$

が成り立ちます．ただし，複合系のエネルギーは一定であっても，E と E_{B} はそれぞれ様々な値をとります．

　いま，この複合系に対して，統計力学の原理である等重率の原理を適用します．すなわち，複合系が熱平衡状態にあるとき，複合系全体のミクロな状態は孤立系なのでミクロカノニカル分布に従う，とします．まず最初に，注目している系がミクロな状態 i である確率を求めてみましょう．

　ミクロな状態 i にある系のエネルギーを E_i とすると，(10.1) より熱浴のエネルギーは $U_{\mathrm{T}} - E_i$ となります．熱浴のミクロな状態の数を $W_{\mathrm{B}}(U_{\mathrm{T}} - E_i)$ と書けば，系がミクロな状態 i にある確率 p_i^{c} は，系のミクロな状態数 $(= 1)$ と熱浴のミクロな状態数 $(= W_{\mathrm{B}}(U_{\mathrm{T}} - E_i))$ の積に比例するので，

$$p_i^{\mathrm{c}} \propto \underbrace{1}_{\text{系の状態数}} \cdot \underbrace{W_{\mathrm{B}}(U_{\mathrm{T}} - E_i)}_{\text{熱浴の状態数}}$$
$$= W_{\mathrm{B}}(U_{\mathrm{T}} - E_i) \tag{10.2}$$

となります．

　ボルツマンの原理 (9.14) を用いると，熱浴のエントロピーは $S_{\mathrm{B}}(U_{\mathrm{T}} - E_i)$ $= k_{\mathrm{B}} \log W_{\mathrm{B}}(U_{\mathrm{T}} - E_i)$ となるので，状態数はエントロピーを用いて $W_{\mathrm{B}}(U_{\mathrm{T}} - E_i) = e^{S_{\mathrm{B}}(U_{\mathrm{T}} - E_i)/k_{\mathrm{B}}}$ と表せます．これを用いると，(10.2) は

$$p_i^{\mathrm{c}} \propto \exp\left[\frac{S_{\mathrm{B}}(U_{\mathrm{T}} - E_i)}{k_{\mathrm{B}}}\right] \tag{10.3}$$

となります．ここで，系に比べて熱浴が十分に大きいことから，$U_{\mathrm{T}} \gg E_i$ と考えることができるので，(10.3) の $S_{\mathrm{B}}(U_{\mathrm{T}} - E_i)$ を

$$S_{\mathrm{B}}(U_{\mathrm{T}} - E_i) \simeq S_{\mathrm{B}}(U_{\mathrm{T}}) - \left(\frac{\partial S_{\mathrm{B}}(U)}{\partial U}\right)_{U = U_{\mathrm{T}}} E_i \tag{10.4}$$

のようにテイラー展開できます．

　熱浴が温度 T の熱平衡状態にあるとすると，(10.4) の右辺第 2 項の E_i の

係数は，(9.3) より

$$\left(\frac{\partial S_{\mathrm{B}}(U)}{\partial U}\right)_{U=U_{\mathrm{T}}} = \frac{1}{T} \tag{10.5}$$

となります．これを (10.4) に代入し，得られた $S_{\mathrm{B}}(U_{\mathrm{T}} - E_i)$ を (10.3) に代入すると

$$p_i^{\mathrm{c}} \propto \exp\left\{\frac{1}{k_{\mathrm{B}}}\left[S_{\mathrm{B}}(U_{\mathrm{T}}) - \frac{E_i}{T}\right]\right\} \tag{10.6}$$

となります．したがって，i に依存する部分だけを残せば

$$p_i^{\mathrm{c}} \propto e^{-E_i/k_{\mathrm{B}}T} = e^{-\beta E_i} \tag{10.7}$$

となります．ここで，**逆温度** $\beta = 1/k_{\mathrm{B}}T$ を定義しました．統計力学の計算では，温度の代わりに逆温度を用いると式変形が簡単になることが多く，便利です．

　まだ，p_i^{c} の比例係数が決まっていないので，確率の規格化，すなわち確率はすべて足すと 1 になる，という事実を使って係数を決めてみましょう．便宜上，比例係数を $1/Z$ とすると，(10.7) より $p_i^{\mathrm{c}} = \dfrac{1}{Z}e^{-\beta E_i}$ と表せるので

$$1 = \sum_i \frac{1}{Z}e^{-\beta E_i} = \frac{1}{Z}\sum_i e^{-\beta E_i} \tag{10.8}$$

となり，

$$Z(T, V, N) = \sum_i e^{-\beta E_i} \tag{10.9}$$

を得ます．ここで i についての和は，系のすべてのミクロな状態について和をとることを意味しています．したがって，

$$p_i^{\mathrm{c}} = \frac{1}{Z}e^{-\beta E_i} = \frac{e^{-\beta E_i}}{\displaystyle\sum_i e^{-\beta E_i}} \tag{10.10}$$

となります．

　以上より，注目している系が温度 T の熱平衡状態にある大きな系と接しているとき，その系がミクロな状態 i をとる確率は (10.10) で与えられるこ

とがわかりました. この確率を**カノニカル分布**といいます. また, 確率を規格化するために導入された比例係数 (10.9) を**分配関数**といいます.

カノニカル分布を用いると, 物理量 A の平均値 $\overline{A}$ は, 量子状態 i における量子力学的な期待値 $\langle A \rangle_i$ を用いて

$$\overline{A} = \sum_i p_i^c \langle A \rangle_i = \frac{1}{Z} \sum_i \langle A \rangle_i e^{-\beta E_i} \tag{10.11}$$

として計算することができます.

10.1.2 ボルツマン因子

ところで, (10.10) に現れた $e^{-\beta E_i}$ は**ボルツマン因子**といわれ, ミクロな状態の出現のしやすさを決めます. ボルツマン因子を見ると, エネルギーの低いミクロな状態ほど出現しやすく (ボルツマン因子の値が 1 に近づく), エネルギーの高い状態ほど指数関数的に出現しにくくなる (ボルツマン因子の値がゼロに近づく) ことがわかります (図 10.2).

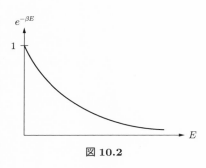

図 10.2

そして, エネルギーの低い状態とエネルギーの高い状態の出現の割合は, 温度に依存します. 温度が低いとエネルギーの低い状態のみが出現し, 温度が高いとエネルギーの低い状態から高い状態までの多くの状態が出現するようになります. 特に, 温度がゼロの極限では基底状態のみが出現し, 温度が無限大の極限では, すべての状態は等しく出現するようになります.

10.2 エネルギーの平均値と分配関数

孤立系では系のエネルギーは一定でしたが, 閉鎖系では系のエネルギーは一定ではなく, 与えられた温度における平均値として定まります. そこで, カノニカル分布による物理量の平均値の定義 (10.11) を用いて閉鎖系の系のエネルギーの平均値を求めてみると,

$$\overline{E} = \sum_i E_i p_i^c = \frac{1}{Z} \sum_i E_i e^{-\beta E_i} \tag{10.12}$$

となります．ここで，E_i は状態 i におけるエネルギー固有値です[1]．

この式を見ると，次のように式変形できることがわかります．

$$\overline{E} = -\frac{1}{Z} \frac{\partial}{\partial \beta} \sum_i e^{-\beta E_i}$$
$$= -\frac{1}{Z} \frac{\partial Z}{\partial \beta} \tag{10.13}$$

したがって，対数の微分公式を用いると

$$\overline{E} = -\frac{\partial}{\partial \beta} \log Z \tag{10.14}$$

となります．また，逆温度 β から温度 T に書き直すには，

$$\frac{d\beta}{dT} = -\frac{1}{k_\mathrm{B} T^2} \tag{10.15}$$

より，

$$\overline{E} = k_\mathrm{B} T^2 \frac{\partial}{\partial T} \log Z \tag{10.16}$$

とすればよいでしょう．

このように，分配関数 Z さえ求めることができれば，エネルギーの平均値を簡単に求めることができます．

10.3 ミクロな状態から得られる熱力学量
～ ヘルムホルツの自由エネルギー ～

孤立系の熱平衡状態においては，エントロピーが最も基本的な熱力学的な量となり，これから様々な熱力学量を計算することができました．一方，閉鎖系の熱平衡状態においては，8.3.2 項で説明したように，**ヘルムホルツの自由エネルギー** F が最も基本的な熱力学量となり，圧力 P，エントロピー S，化学ポテンシャル μ は，それぞれ (8.34) ～ (8.36) より

---

[1] エネルギー固有状態におけるエネルギーの期待値は，エネルギー固有値になることに注意してください．

$$S(T, V, N) = -\frac{\partial F(T, V, N)}{\partial T} \tag{10.17}$$

$$P(T, V, N) = -\frac{\partial F(T, V, N)}{\partial V} \tag{10.18}$$

$$\mu(T, V, N) = \frac{\partial F(T, V, N)}{\partial N} \tag{10.19}$$

として求めることができます.

　したがって, エントロピーの統計力学的な表現であるボルツマンの原理のように, ヘルムホルツの自由エネルギーの統計力学的な表現が得られれば, 閉鎖系の熱平衡状態におけるマクロな世界とミクロな世界との関係が明確になり, 物理量を計算する上でも便利になります.

　そこで, まず, 熱力学で知られている**ギブス‐ヘルムホルツの関係式**に注目しましょう. これは, 内部エネルギー $U(T, V, N)$ とヘルムホルツの自由エネルギー $F(T, V, N)$ を結ぶ関係式です.

$$U(T, V, N) = \frac{\partial}{\partial \beta} [\beta F(T, V, N)] \tag{10.20}$$

　ところで, 内部エネルギーはミクロな状態のエネルギーを表すので, いま考えている閉鎖系のようにエネルギーを外部とやり取りしている場合の内部エネルギー U は, ミクロな状態のエネルギーの平均値 $\overline{E}$ (10.12) と考えることができ, $U = \overline{E}$ となります. したがって, (10.14) の右辺と (10.20) の右辺が等しくなり,

$$F(T, V, N) = -\frac{1}{\beta} \log Z(T, V, N) \tag{10.21}$$

が得られます.

　このように, ヘルムホルツの自由エネルギーは分配関数の対数をとることで得られることがわかりました. 次の例題 10‐1 で, (10.21) が他の熱力学的な関係式も再現することを確かめてみましょう.

[例題 10‐1] (10.21) を用いて, (10.17) と (10.18) が成り立つことを確かめなさい.

[解] まず, (10.17) が成り立つことを示すために, (10.21) を T で偏微分します.

$$-\frac{\partial F}{\partial T} = k_{\mathrm{B}} \log Z + k_{\mathrm{B}} T \frac{\partial}{\partial T} \log Z$$

$$= k_{\mathrm{B}} \log Z + k_{\mathrm{B}} T \frac{1}{Z} \frac{\partial Z}{\partial T}$$

$$= k_{\mathrm{B}} \log Z + k_{\mathrm{B}} T \frac{1}{Z} \underbrace{\sum_i \frac{\partial}{\partial T} e^{-E_i/k_{\mathrm{B}}T}}_{(\because (10.9))}$$

$$= k_{\mathrm{B}} \log Z + \frac{1}{T} \frac{1}{Z} \sum_i E_i\, e^{-E_i/k_{\mathrm{B}}T}$$

$$\overset{(10.12)}{=} -\frac{1}{T} F + \frac{1}{T} \overline{E} = \frac{U - F}{T} \qquad (10.22)$$

最後の式は，(8.19) よりエントロピー S であり，(10.17) が成り立ちます.

次に，(10.18) が成り立つことを示すために，(10.20) を V で偏微分します.

$$-\frac{\partial F}{\partial V} = \frac{1}{\beta} \frac{\partial}{\partial V} \log Z = \frac{1}{\beta Z} \frac{\partial Z}{\partial V}$$

$$= \frac{1}{\beta Z} \frac{\partial}{\partial V} \underbrace{\sum_i e^{-\beta E_i}}_{(\because (10.9))} = -\frac{1}{Z} \sum_i \frac{\partial E_i}{\partial V} e^{-\beta E_i} \qquad (10.23)$$

ここで，$\partial E_i/\partial V$ という量が何を表すか考えてみましょう．例えば，箱の中の粒子のエネルギー固有値 (4.40) を見るとわかるように，箱のサイズ a を変えるとエネルギー固有値も変化します．そこで，ある量子力学的な系の体積を V から $V + \Delta V$ にしたとき，エネルギー固有値が $E_i(V)$ から $E_i(V + \Delta V)$ に変化したとすると，エネルギー固有値の変化 ΔE_i は，

$$\Delta E_i = E_i(V + \Delta V) - E_i(V)$$

$$\simeq E_i(V) + \frac{\partial E_i}{\partial V} \Delta V - E_i(V) = \frac{\partial E_i}{\partial V} \Delta V \qquad (10.24)$$

となります．ここで ΔV が小さいとしてテイラー展開しました．このエネルギー変化は系の体積を変えたことにより生じているので，外部から系に仕事をしたことにより生じたと考えることができます．したがって，

$$P_i = -\frac{\partial E_i}{\partial V} \qquad (10.25)$$

とおくと，P_i はエネルギー固有状態 i の圧力と見なすことができます．これを用いると (10.23) は

$$-\frac{\partial F}{\partial V} = \frac{1}{Z} \sum_i P_i e^{-\beta E_i} \tag{10.26}$$

となります．この右辺は，カノニカル分布を用いた物理量の平均値 (10.11) より，マクロな圧力 P に他なりません．よって (10.18) を示せました． ✦

分配関数はミクロな状態のエネルギー固有値から計算される量なので，(10.21) はボルツマンの原理と同じように，ミクロとマクロをつなぐ式となります．もともと単に確率の規格化定数として導入された分配関数ですが，これさえ計算できれば，その対数をとることで，閉鎖系の熱平衡状態におけるマクロな物理量を計算できることになるのです．

10.4 カノニカル分布の応用

10.4.1 単原子分子の理想気体

エネルギー固有値と分配関数

カノニカル分布の応用として，単原子分子の理想気体の熱平衡状態について考えてみましょう．ミクロカノニカル分布の方法でも調べましたが，カノニカル分布を用いると計算が簡単になります．

理想気体は，第 4 章で説明した箱の中の N 個の自由粒子として考えることができるので，そのエネルギー固有値は

$$E_{\{n\}} = \frac{\pi^2 \hbar^2}{2ma^2} \sum_{i=1}^{N} \left(n_{ix}^2 + n_{iy}^2 + n_{iz}^2 \right) \tag{10.27}$$

と与えられます．この結果を用いると，分配関数は (10.9) より

$$Z = \frac{1}{N!} \sum_{n_{1x}=1}^{\infty} \cdots \sum_{n_{Nx}=1}^{\infty} \sum_{n_{1y}=1}^{\infty} \cdots \sum_{n_{Ny}=1}^{\infty} \sum_{n_{1z}=1}^{\infty} \cdots \sum_{n_{Nz}=1}^{\infty} e^{-\beta E_{\{n\}}}$$

$$\tag{10.28}$$

となります．ここで，N 個の粒子はそれぞれ区別できないので，数えすぎた分を除くために $N!$ で割っています．これは同種粒子が区別できないことに起因しますが，詳細は第 12 章で説明します．

分配関数 Z は和の記号がたくさん並んでいるため,一見複雑に見えますが,エネルギー準位の間隔 E_0 を

$$E_0 = \frac{\pi^2 \hbar^2}{2ma^2} \tag{10.29}$$

とおくと

$$e^{-\beta E_{\{n\}}} = e^{-\beta E_0 n_{1x}^2} e^{-\beta E_0 n_{2x}^2} \cdots e^{-\beta E_0 n_{Nz}^2} \tag{10.30}$$

となるので,(10.28) の右辺の和はすべて独立にとることができ,

$$\begin{aligned}
\sum_{n_{1x}=1}^{\infty} &\cdots \sum_{n_{Nx}=1}^{\infty} \sum_{n_{1y}=1}^{\infty} \cdots \sum_{n_{Ny}=1}^{\infty} \sum_{n_{1z}=1}^{\infty} \cdots \sum_{n_{Nz}=1}^{\infty} e^{-\beta E_{\{n\}}} \\
&= \sum_{n_{1x}=1}^{\infty} e^{-\beta E_0 n_{1x}^2} \sum_{n_{2x}=1}^{\infty} e^{-\beta E_0 n_{2x}^2} \cdots \sum_{n_{Nz}=1}^{\infty} e^{-\beta E_0 n_{Nz}^2} \\
&= \left(\sum_{n=1}^{\infty} e^{-\beta E_0 n^2} \right)^{3N}
\end{aligned} \tag{10.31}$$

と簡単になります.最後の行への変形で,和のダミー記号を代表させて n としました.したがって,これを (10.28) に代入すれば,分配関数は

$$Z = \frac{1}{N!} \left(\sum_{n=1}^{\infty} e^{-\beta E_0 n^2} \right)^{3N} \tag{10.32}$$

となります.

分配関数の計算

(10.32) の右辺の和を計算できれば,具体的に分配関数が求まるのですが,これ以上和の計算を進めることができません.しかし,エネルギー準位の間隔 E_0 に比べて温度による熱エネルギー $k_{\mathrm{B}}T$ が十分大きく,エネルギー準位の離散性が無視できる状況のとき,すなわち $\beta E_0 \ll 1$ が成り立つときは,

$$\sum_{n=1}^{\infty} e^{-\beta E_0 n^2} \simeq \frac{1}{\sqrt{\beta E_0}} \int_0^{\infty} e^{-x^2} \, dx \tag{10.33}$$

のように和を積分に近似することができます. すると, 分配関数は, ガウス積分の公式

$$\int_0^\infty e^{-x^2}\, dx = \frac{\sqrt{\pi}}{2} \tag{10.34}$$

を用いて

$$
\begin{aligned}
Z &\simeq \frac{1}{N!} \left(\frac{1}{\sqrt{\beta E_0}} \int_0^\infty e^{-x^2}\, dx \right)^{3N} \\
&\overset{(10.34)}{=} \frac{1}{N!} \left(\frac{\pi}{4\beta E_0} \right)^{3N/2} \\
&\overset{(10.29)}{=} \frac{1}{N!} \left(\frac{ma^2}{2\pi\hbar^2\beta} \right)^{3N/2} \\
&= \frac{V^N}{N!} \left(\frac{m}{2\pi\hbar^2\beta} \right)^{3N/2}
\end{aligned}
\tag{10.35}
$$

と計算できます. ここで, 最後の行への式変形で $V = a^3$ としました.

ヘルムホルツの自由エネルギーの計算と状態方程式の導出

　理想気体の分配関数が得られたので, これを用いて様々な物理量を計算することができます. まずは, 閉鎖系で最も重要な熱力学量であるヘルムホルツの自由エネルギーを求めてみましょう.

　(10.21) のヘルムホルツの自由エネルギーの式に (10.35) を代入すると

$$F(T, V, N) = -k_B T \log \left[\frac{V^N}{N!} \left(\frac{m}{2\pi\hbar^2\beta} \right)^{3N/2} \right] \tag{10.36}$$

となります. この結果を (10.18) に代入すると圧力を計算することができ,

$$
\begin{aligned}
P &= k_B T \frac{\partial}{\partial V} \underbrace{\log \left[\frac{V^N}{N!} \left(\frac{m}{2\pi\hbar^2\beta} \right)^{3N/2} \right]}_{\text{対数の性質を使って } V \text{ に依存する項と依存しない項に分ける}} \\
&= k_B T \frac{\partial}{\partial V} \left(\log V^N + \log \frac{1}{N!} \left(\frac{m}{2\pi\hbar^2\beta} \right)^{3N/2} \right) \\
&= k_B T N \frac{\partial}{\partial V} \log V = \frac{N k_B T}{V}
\end{aligned}
\tag{10.37}
$$

となります.

　ここで，ボルツマン定数 k_B と気体定数 R には，モル数 n を用いて $k_B N = nR$ の関係があることに注意すると，理想気体の状態方程式 $PV = Nk_B T = nRT$ が得られます．これはミクロカノニカル分布を用いた結果と同じですが，状態数の煩雑な計算をする必要がないので，カノニカル分布を用いた方が簡単に熱力学量を計算することができます．

[例題 10 - 2] (10.17) と (10.36) を用いて，理想気体のエントロピーを計算しなさい．

[解] (10.17) に (10.36) を代入し，微分を実行すると

$$S = -\frac{\partial F}{\partial T}$$

$$= k_B \log\left[\frac{V^N}{N!}\left(\frac{mk_B T}{2\pi\hbar^2}\right)^{3N/2}\right] + k_B T \frac{\partial}{\partial T} \underbrace{\log\left[\frac{V^N}{N!}\left(\frac{mk_B T}{2\pi\hbar^2}\right)^{3N/2}\right]}_{\text{対数の性質を使って } T \text{ に依存する項と依存しない項に分ける}}$$

$$= k_B \log\left[\frac{V^N}{N!}\left(\frac{mk_B T}{2\pi\hbar^2}\right)^{3N/2}\right]$$
$$\qquad + k_B T \frac{\partial}{\partial T}\left(\frac{3N}{2}\log T + (T \text{ に依存しない項})\right)$$

$$= k_B \log\left[\frac{V^N}{N!}\left(\frac{mk_B T}{2\pi\hbar^2}\right)^{3N/2}\right] + \frac{3N}{2}k_B \qquad (10.38)$$

となります．ここでスターリングの公式 (9.29) を用いると

$$-k_B \log N! \simeq -Nk_B \log N + Nk_B \qquad (10.39)$$

となるので，最終的にエントロピーは

$$S \simeq Nk_B \log\left[V\left(\frac{mk_B T}{2\pi\hbar^2}\right)^{3/2}\right] - Nk_B \log N + Nk_B + \frac{3N}{2}k_B$$
$$= Nk_B \left\{\log\left[\frac{V}{N}\left(\frac{mk_B T}{2\pi\hbar^2}\right)^{3/2}\right] + \frac{5}{2}\right\} \qquad (10.40)$$

となります． ✦

[例題 10 - 3]　分配関数 (10.35) を用いて，理想気体の内部エネルギーを計算しなさい．

[解]　内部エネルギーはエネルギーの平均値として計算できるので，(10.16) を用いて例題 10 - 2 と同様に計算します．

$$U = \overline{E} = k_{\mathrm{B}} T^2 \frac{\partial}{\partial T} \log Z$$

$$= k_{\mathrm{B}} T^2 \frac{\partial}{\partial T} \left(\frac{3}{2} N \log T + (T に依存しない項) \right)$$

$$= \frac{3}{2} N k_{\mathrm{B}} T \tag{10.41}$$

◆

10.4.2　単原子分子の理想混合気体

分配関数の計算

次に，2 種類の理想気体を混合した**理想混合気体**について，カノニカル分布の方法を用いて考えてみましょう．

いま，理想混合気体を図 10.3 のようにつくったとします．はじ

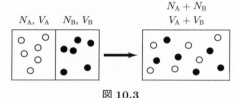

図 10.3

めに N_{A} 個の理想気体 A と N_{B} 個の理想気体 B はそれぞれ仕切りによって V_{A} と V_{B} の容器に分かれて入っており，温度 T で熱平衡状態にあったとします．容器の仕切りを取り除くと，理想気体 A と理想気体 B は体積 V ($= V_{\mathrm{A}} + V_{\mathrm{B}}$) の容器全体に広がり，混合気体として新たな熱平衡状態になります．ただし，それぞれ理想気体なので，体積が変化しても内部エネルギーは変化せず，温度は変わりません．

混ざり合った後の混合気体の熱力学量をカノニカル分布を用いて考えてみましょう．N_{A} 個の理想気体 A と N_{B} 個の理想気体 B のエネルギー固有値はそれぞれ (10.27) で $n \rightarrow n^{\mathrm{A}}$, $n \rightarrow n^{\mathrm{B}}$ とした式で与えられているとし，それらを $E_{\{n^{\mathrm{A}}\}}$ と $E_{\{n^{\mathrm{B}}\}}$ と書くと，全系の分配関数 Z は (10.9) より

$$Z = \frac{1}{N_A! N_B!} \sum_{n_{1x}^A=1}^{\infty} \cdots \sum_{n_{N_A z}^A=1}^{\infty} \sum_{n_{1x}^B=1}^{\infty} \cdots \sum_{n_{N_B z}^B=1}^{\infty} e^{-\beta(E_{\{n^A\}} + E_{\{n^B\}})}$$

$$= \frac{1}{N_A!} \sum_{n_{1x}^A=1}^{\infty} \cdots \sum_{n_{N_A z}^A=1}^{\infty} e^{-\beta E_{\{n^A\}}} \frac{1}{N_B!} \sum_{n_{1x}^B=1}^{\infty} \cdots \sum_{n_{N_B z}^B=1}^{\infty} e^{-\beta E_{\{n^B\}}}$$

$$= Z_A Z_B \tag{10.42}$$

となり，理想気体 A と理想気体 B の分配関数 Z_A と Z_B の積で表すことができます．ここで，Z_A と Z_B は，(10.35) を用いて

$$Z_A = \frac{V^{N_A}}{N_A!} \left(\frac{m_A}{2\pi\hbar^2\beta} \right)^{3N_A/2} \tag{10.43}$$

$$Z_B = \frac{V^{N_B}}{N_B!} \left(\frac{m_B}{2\pi\hbar^2\beta} \right)^{3N_B/2} \tag{10.44}$$

で与えられます．ただし，理想気体 A と B を構成する分子の質量を m_A と m_B としました．

ヘルムホルツの自由エネルギーと熱力学量の計算

(10.21) より，全系のヘルムホルツの自由エネルギーは

$$F = -k_B T \log Z$$

$$= -k_B T \log Z_A - k_B T \log Z_B$$

$$= F_A + F_B \tag{10.45}$$

となり，理想気体 A と理想気体 B のヘルムホルツの自由エネルギー F_A と F_B の和で表すことができます．ヘルムホルツの自由エネルギーを用いて，熱力学量についても計算してみましょう．

圧力 P は，(10.18) と (10.45) より

$$P(T, V, N) = -\frac{\partial F(T, V, N)}{\partial V}$$

$$= -\frac{\partial F_A(T, V, N_A)}{\partial V} - \frac{\partial F_B(T, V, N_B)}{\partial V}$$

$$= P_A(T, V, N_A) + P_B(T, V, N_B) \tag{10.46}$$

となり，理想気体 A と理想気体 B の圧力 P_A と P_B の和で表すことができます．これは**ドルトンの分圧の法則**を表しています．

エントロピー S は，(10.17) と (10.45) より

$$
\begin{aligned}
S(T, V, N) &= -\frac{\partial F(T, V, N)}{\partial T} \\
&= -\frac{\partial F_A(T, V, N_A)}{\partial T} - \frac{\partial F_B(T, V, N_B)}{\partial T} \\
&= S_A(T, V, N_A) + S_B(T, V, N_B)
\end{aligned}
\tag{10.47}
$$

となり，やはり理想気体 A と理想気体 B のエントロピー S_A と S_B の和で表すことができます．そして，S_A と S_B は (10.40) を用いると

$$
S_A(T, V, N_A) = N_A k_B \left\{ \log\left[\frac{V}{N_A}\left(\frac{m_A k_B T}{2\pi\hbar^2}\right)^{3/2}\right] + \frac{5}{2} \right\}
\tag{10.48}
$$

$$
S_B(T, V, N_B) = N_B k_B \left\{ \log\left[\frac{V}{N_B}\left(\frac{m_B k_B T}{2\pi\hbar^2}\right)^{3/2}\right] + \frac{5}{2} \right\}
\tag{10.49}
$$

で与えられます．

ところで，混合気体をつくる前のそれぞれの理想気体のエントロピーは (10.48) と (10.49) の V をそれぞれ V_A と V_B とすればよく

$$
S_A(T, V_A, N_A) = N_A k_B \left\{ \log\left[\frac{V_A}{N_A}\left(\frac{m_A k_B T}{2\pi\hbar^2}\right)^{3/2}\right] + \frac{5}{2} \right\}
\tag{10.50}
$$

$$
S_B(T, V_B, N_B) = N_B k_B \left\{ \log\left[\frac{V_B}{N_B}\left(\frac{m_B k_B T}{2\pi\hbar^2}\right)^{3/2}\right] + \frac{5}{2} \right\}
\tag{10.51}
$$

と表すことができます．

したがって，混合によるエントロピーの変化 ΔS は

$$
\begin{aligned}
\Delta S &= S_A(T, V, N_A) + S_B(T, V, N_B) - S_A(T, V_A, N_A) - S_B(T, V_B, N_B) \\
&= N_A k_B \log V - N_A k_B \log V_A + N_B k_B \log V - N_B k_B \log V_B \\
&= N_A k_B \log\frac{V}{V_A} + N_B k_B \log\frac{V}{V_B}
\end{aligned}
\tag{10.52}
$$

と与えられます．ここでは $V_A, V_B < V$ なので $\Delta S > 0$ となり，気体の混合によってエントロピーが増大することがわかります．この (10.52) のことを**混合エントロピー**といいます．

章 末 問 題

10 - 1　エネルギーのゆらぎ $\overline{E^2} - \overline{E}^2$ は，温度 T と比熱 C を用いて

$$\overline{E^2} - \overline{E}^2 = k_B T^2 C \tag{10.53}$$

と表せることを示しなさい．

10 - 2　分配関数が $Z_1, Z_2, Z_3, \cdots$，ヘルムホルツの自由エネルギーが $F_1, F_2, F_3, \cdots$ である複数の系が，互いに弱く相互作用しているとき，全系の分配関数 Z とヘルムホルツの自由エネルギー F はそれぞれ $Z = Z_1 Z_2 Z_3 \cdots$，$F = F_1 + F_2 + F_3 + \cdots$ で与えられることを示しなさい．

　ただし，弱く相互作用しているとは，それぞれの系のエネルギーを $E_1, E_2, E_3, \cdots$ としたとき，相互作用によるエネルギー変化は無視でき，全系のエネルギーがそれぞれの系のエネルギーの和 $E = E_1 + E_2 + E_3 + \cdots$ で表されることをいいます．

10 - 3　章末問題 9 – 2 について，エネルギーと熱容量をカノニカル分布を使って求めなさい．

Coffee Break

人工知能

　近年，様々な場面で**人工知能 (AI)** が使われています．人工知能は，機械が自ら学習（＝ 機械学習）することで様々な問題を解決できるようになりますが，その基礎となる技術が**ディープラーニング**です．ディープラーニングは，脳の神経細胞（ニューロン）を真似してつくられた**ニューラルネットワーク**を何層も重ねることで，極めて優秀な人工知能となります．

　ニューラルネットワークを使った AI の基本的な考え方（仮定）は，観測されるデータはある確率分布に基づいて生じている，というものです．すなわち，データの背後に我々の知らない確率分布 P_g があり，この確率分布により生じた 1 つの値（の組）が，実現されているデータであると考えます．

　確率分布 P_g は対象とするデータを確率的に生成する規則を定めるので，データの生成モデルといいます．そして，生成モデル P_g を見つけることができれば，未知のデータを予測することが可能になります．

　しかし，生成モデル自体はわかりません．そこで，生成モデルを再現するようなモデルをつくります．これを学習モデルといいます．手元にある観測データを使って学習させ，学習モデルに含まれるパラメータを調整することで，生成モデルを再現するようにします．

　生成モデルを再現できるような適切な学習モデルをつくるためには，どのようにパラメータを調整すればよいでしょうか？　実は，ここでカノニカル分布 (10.10) を使います．ニューラルネットワークから「エネルギー」に相当する量を表すことができるので，これを (10.10) のカノニカル分布に代入し，確率分布を与えます．カノニカル分布のことをボルツマン分布ともいうので，この確率分布で表されたニューラルネットワークをボルツマンマシンといいます．

　「エネルギー」にはパラメータが含まれるので，このパラメータを調整し，最も「エネルギー」が小さくなる，すなわち，最も確率が大きくなるとき，それが適切な学習モデルであると考えます．

　このように，AI という統計力学と全く関係ないと思われるところでも，カノニカル分布が使われているのです．

statistical mechanics

11

開放系の統計力学

～ グランドカノニカル分布の方法 ～

　これまで学んできたミクロカノニカル分布とカノニカル分布は，それぞれ孤立系と閉鎖系に対応しており，いずれも粒子数が固定された系の確率です．しかし，調べたい対象によっては，エネルギーだけでなく，粒子も周囲とやり取りする場合があります．これを**開放系**といいます．

　例えば，半導体デバイスが金属電極につながっているとき，金属電極から半導体デバイスにキャリア（電子や正孔）が流れ込んだり，あるいは半導体デバイスから電極へキャリアが流れ出ます．このとき半導体デバイスは，エネルギーはもちろん，粒子数も変化することになるので，開放系となります．

　開放系を扱うには，エネルギーとともに粒子数が変化するようなミクロな状態が出現する確率を求める必要があり，このような確率を**グランドカノニカル分布**といいます．

　この章では，カノニカル分布の導出のときと同様に，ミクロカノニカル分布（等重率の原理）を用いてグランドカノニカル分布を導出し，その性質と応用について学びましょう．

11.1　ミクロカノニカル分布からグランドカノニカル分布へ

　ここでは，粒子を周囲とやり取りする系である開放系を考えます．そのために，カノニカル分布を導出したときと同じ考え方で，注目している系がこの系よりも十分に大きな系（**熱・粒子浴**といいます）と接触し，系と熱・粒子浴の間でエネルギーだけでなく粒子のやり取りもある場合を考えます（図 11.1）．ただし，系と熱・粒子浴は全体としては孤立系であるとします．

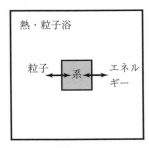

図 11.1

いま，系と熱・粒子浴のエネルギーをそれぞれ E, E_B，粒子数をそれぞれ N_A, N_B，複合系のエネルギーを U_T とすると

$$E + E_B = U_T \ (= 一定) \tag{11.1}$$

が成り立ち，さらに，複合系の全粒子数を N_T とすると

$$N_A + N_B = N_T \ (= 一定) \tag{11.2}$$

が成り立ちます．

カノニカル分布を導出したときのように，ここで等重率の原理を使います．すなわち，この複合系が熱平衡状態にあるとき，複合系のミクロな状態は等重率の原理によりミクロカノニカル分布に従う，とします．そこで，まず最初に，系が粒子数 N，エネルギー E_i のミクロな状態 i にあるときの確率を求めてみましょう．

系がミクロな状態 i にあるとき，熱・粒子浴のエネルギーは $U_T - E_i$ となり，粒子数は $N_T - N$ となります．ミクロな状態 i はこれらを満たす状態にあるので，このときの熱・粒子浴のミクロな状態の数を $W_B(U_T - E_i, N_T - N)$ とすれば，系がミクロな状態 i にある確率 $p_{N,i}^{\mathrm{gc}}$ は (10.2) と同様にして

$$p_{N,i}^{\mathrm{gc}} \propto \underbrace{1}_{\text{系の状態数}} \cdot \underbrace{W_B(U_T - E_i, N_T - N)}_{\text{熱・粒子浴の状態数}}$$
$$= W_B(U_T - E_i, N_T - N) \tag{11.3}$$

となります．

さらに，熱・粒子浴のエントロピーは (9.14) より $S_B(U, N) = k_B \log W_B(U, N)$ と表せるので，(11.3) は

$$p_{N,i}^{\mathrm{gc}} \propto \exp\left[\frac{S_B(U_T - E_i, N_T - N)}{k_B}\right] \tag{11.4}$$

となります．

ここで，系に比べて熱・粒子浴が十分大きいことから，$U_T \gg E_i$, $N_T \gg N$ としてよいので，エントロピーは

$$S_B(U_T - E_i, N_T - N)$$

$$\simeq S_B(U_T, N_T) - \left(\frac{\partial S_B(U, N)}{\partial U}\right)_{U=U_T} E_i - \left(\frac{\partial S_B(U, N)}{\partial N}\right)_{N=N_T} N \tag{11.5}$$

とテイラー展開できます.

熱・粒子浴が温度 T, 化学ポテンシャル μ の熱平衡状態にあるとすると, (11.5) の右辺第 2 項の E_i の係数と右辺第 3 項の N の係数は, それぞれ (9.3) と (9.5) より

$$\left(\frac{\partial S_B(U, N)}{\partial U}\right)_{U=U_T} = \frac{1}{T} \tag{11.6}$$

$$\left(\frac{\partial S_B(U, N)}{\partial N}\right)_{N=N_T} = -\frac{\mu}{T} \tag{11.7}$$

となります. これらを (11.5) に代入し, 得られた $S_B(U_T - E_i, N_T - N)$ を (11.4) に代入すると

$$p_{N,i}^{gc} \propto \exp\left\{\frac{1}{k_B}\left[S_B(U_T) - \frac{E_i}{T} + \frac{\mu N}{T}\right]\right\} \tag{11.8}$$

となります. ここで, i と N に依存する部分だけを残せば

$$p_{N,i}^{gc} \propto \exp\left(-\frac{E_i}{k_B T} + \frac{\mu N}{k_B T}\right) = e^{-\beta(E_i - \mu N)} \tag{11.9}$$

となります.

次に, $p_{N,i}^{gc}$ を確率として扱うために, 規格化定数を定めましょう. 確率の規格化定数を便宜上 $1/\Xi$ (Ξ はグザイと読みます) とすると

$$1 = \sum_{N=0}^{\infty} \sum_i \frac{1}{\Xi} e^{-\beta(E_i - \mu N)} \tag{11.10}$$

となるので,

$$\Xi(T, V, \mu) = \sum_{N=0}^{\infty} \sum_i e^{-\beta(E_i - \mu N)} \tag{11.11}$$

となります．したがって，(11.11) より確率 $p^{\mathrm{gc}}_{N,i}$ は

$$p^{\mathrm{gc}}_{N,i} = \frac{1}{\varXi} e^{-\beta(E_i - \mu N)} \tag{11.12}$$

となります．

　以上より，系が温度 T，化学ポテンシャル μ の熱平衡状態にある熱・粒子浴に接しているとき，系が粒子数 N，エネルギー E_i のミクロな状態 i をとる確率は (11.12) で与えられることがわかりました．この確率を**グランドカノニカル分布**といい，確率を規格化するために導入された比例係数 (11.11) を**大分配関数**といいます．

　グランドカノニカル分布を用いると，物理量 A の平均値 $\overline{A}$ は，量子状態 i における量子力学的な期待値 $\langle A \rangle_i$ を用いて

$$\overline{A} = \sum_{N=0}^{\infty} \sum_{i} p^{\mathrm{gc}}_{N,i} \langle A \rangle_i = \frac{1}{\varXi(T, V, \mu)} \sum_{N=0}^{\infty} \sum_{i} \langle A \rangle_i \, e^{-\beta(E_i - \mu N)} \tag{11.13}$$

として計算することができます．

11.2　粒子数とエネルギーの平均値

　グランドカノニカル分布を適用するのは開放系のため，粒子数が一定ではありません．そこで，まずは粒子数の平均値を計算してみましょう．グランドカノニカル分布における平均値の定義 (11.13) を用いると

$$\overline{N} = \sum_{N=0}^{\infty} \sum_{i} N p^{\mathrm{gc}}_{N,i} = \frac{1}{\varXi(T, V, \mu)} \sum_{N=0}^{\infty} \sum_{i} N e^{-\beta(E_i - \mu N)} \tag{11.14}$$

となります．これは，次のように大分配関数の対数の化学ポテンシャル μ による微分として表すことができます（確認は各自にお任せします）．

$$\overline{N} = \frac{1}{\beta} \frac{\partial}{\partial \mu} \log \varXi(T, V, \mu) \tag{11.15}$$

　次に，エネルギーの平均値を計算してみましょう．グランドカノニカル分布を用いた平均値の定義 (11.13) を直接用いることもできますが，ここ

ではより簡単な方法で計算します．カノニカル分布のエネルギーの平均値 (10.14) を思い出し，大分配関数の対数を逆温度 β で微分してみましょう．すると，

$$\frac{\partial}{\partial \beta} \log \Xi(T, V, \mu) = \frac{1}{\Xi(T, V, \mu)} \sum_{N=0}^{\infty} \sum_i (-E_i + \mu N) e^{-\beta(E_i - \mu N)}$$

$$= -\overline{E} + \mu \overline{N} \tag{11.16}$$

より

$$\overline{E} = -\frac{\partial}{\partial \beta} \log \Xi(T, V, \mu) + \mu \overline{N} \tag{11.17}$$

を得ます．この式に粒子数の平均値の式 (11.15) を代入すると，エネルギーの平均値は

$$\overline{E} = -\frac{\partial}{\partial \beta} \log \Xi(T, V, \mu) + \frac{\mu}{\beta} \frac{\partial}{\partial \mu} \log \Xi(T, V, \mu) \tag{11.18}$$

となり，大分配関数を用いて表すことができます．

11.3 ミクロな状態から得られる熱力学量
～ グランドポテンシャル ～

グランドカノニカル分布を用いると，(T, V, μ) が一定の開放系の熱平衡状態におけるマクロな物理量を，ミクロな状態を用いて計算できることがわかりました．ところで，(T, V, μ) が制御された開放系の熱平衡状態においては，グランドポテンシャル $J(T, V, \mu)$ が熱力学の基本的な状態関数となります．実際に，8.3.2 項で学んだように，エントロピー S，圧力 P，粒子数 N などの物理量は (8.45) ～ (8.47) より

$$S(T, V, \mu) = -\frac{\partial J(T, V, \mu)}{\partial T} \tag{11.19}$$

$$P(T, V, \mu) = -\frac{\partial J(T, V, \mu)}{\partial V} \tag{11.20}$$

$$N(T, V, \mu) = -\frac{\partial J(T, V, \mu)}{\partial \mu} \tag{11.21}$$

と計算することができます．

　カノニカル分布の場合は (10.21) のように，分配関数 Z の対数をとった
ものがヘルムホルツの自由エネルギーと結ばれていました．同様に，グラン
ドポテンシャルを大分配関数 Ξ を用いて表してみましょう．

　熱力学で知られている関係式によれば，内部エネルギーとグランドポテン
シャルの間には

$$U = \frac{\partial}{\partial \beta}(\beta J) + \mu N \tag{11.22}$$

という関係が成り立ちます．これを $\overline{E} = U,\ \overline{N} = N$ として (11.17) と比較
すると，グランドポテンシャルは

$$J(T, V, \mu) = -\frac{1}{\beta} \log \Xi(T, V, \mu) \tag{11.23}$$

のように，大分配関数を用いて表されることがわかります．

［例題 11 - 1］　(11.23) を用いて，(11.19) と (11.20) が成り立つことを示
しなさい．

　［解］　まず，(11.19) が成り立つことを示すため，(11.22) を T で偏微分します．

$$-\frac{\partial J}{\partial T} = k_{\mathrm{B}} \log \Xi + k_{\mathrm{B}} T \frac{\partial}{\partial T} \log \Xi$$

$$= k_{\mathrm{B}} \log \Xi + k_{\mathrm{B}} T \frac{1}{\Xi} \frac{\partial \Xi}{\partial T}$$

$$= k_{\mathrm{B}} \log \Xi + k_{\mathrm{B}} T \frac{1}{\Xi} \frac{\partial}{\partial T} \underbrace{\sum_{N=0}^{\infty} \sum_{i} e^{-(E_i - \mu N)/k_{\mathrm{B}}T}}_{(\because (11.11))}$$

$$= k_{\mathrm{B}} \log \Xi + \frac{1}{T} \frac{1}{\Xi} \sum_{N=0}^{\infty} \sum_{i} (E_i - \mu N) e^{-(E_i - \mu N)/k_{\mathrm{B}}T}$$

$$= -\frac{J}{T} - \frac{\mu \overline{N}}{T} + \frac{\overline{E}}{T} = \frac{1}{T}(U - J - \mu \overline{N})$$

$$= \frac{U - F}{T}$$

$$= S(T, V, \mu) \tag{11.24}$$

ただし，熱力学で知られているグランドポテンシャルとヘルムホルツの自由エネ
ルギーの関係 $J(T, V, \mu) = F(T, V, \mu) - \mu N(T, V, \mu)$ を用いました．

　次に，(11.20) を示すため，(11.23) を V で偏微分します．

$$-\frac{\partial J}{\partial V} = \frac{1}{\beta}\frac{\partial}{\partial V}\log\Xi = \frac{1}{\beta}\frac{1}{\Xi}\frac{\partial\Xi}{\partial V}$$

$$= \frac{1}{\beta\Xi}\frac{\partial}{\partial V}\underbrace{\sum_{N=0}^{\infty}\sum_{i}e^{-\beta(E_i-\mu N)}}_{(\because (11.11))}$$

$$= \frac{1}{\Xi}\sum_{N=0}^{\infty}\sum_{i}\left(-\frac{\partial E_i}{\partial V}\right)e^{-\beta(E_i-\mu N)}$$

$$= \frac{1}{\Xi}\sum_{N=0}^{\infty}\sum_{i}\underbrace{P_i}_{(\because (10.25))}e^{-\beta(E_i-\mu N)}$$

$$= P(T,V,\mu) \tag{11.25}$$

◆

　したがって，量子力学から得られるエネルギー固有値を用いて大分配関数 Ξ を計算できれば，(11.23) を用いて (T,V,μ) が制御された熱平衡状態のマクロな物理量を求められることがわかりました．

11.4　各分布による方法の比較

　これまで，孤立系の熱平衡状態に対しては，ミクロな状態が実現する確率としてミクロカノニカル分布を導入しました．そうすると，閉鎖系に対してはカノニカル分布が得られ，この章では開放系に対して，グランドカノニカル分布が得られました．このように，ミクロな世界とマクロな世界をつなげようとするときは，孤立系，閉鎖系，開放系のうち，どのようなマクロな系を対象とするかに応じて，それぞれに適したミクロな状態が実現する確率や，ミクロとマクロを結ぶ関係式があるのです．そして，これらの関係をまとめると次の表のようになります．

対象とする系	制御する量	用いる分布関数	ミクロとマクロをつなぐ関数
孤立系	(U,V,N)	ミクロカノニカル	$S = k_{\mathrm{B}}\log W$
閉鎖系	(T,V,N)	カノニカル	$F = -k_{\mathrm{B}}T\log Z$
開放系	(T,V,μ)	グランドカノニカル	$J = -k_{\mathrm{B}}T\log\Xi$

11.5　グランドカノニカル分布の応用

11.5.1　単原子分子の理想気体

大分配関数とグランドポテンシャルの計算

　これまで，ミクロカノニカル分布，カノニカル分布を用いてミクロな状態から単原子分子の理想気体の状態方程式を導出しました．ここでは，グランドカノニカル分布を用いて同じ導出をしてみましょう．同じような手順の繰り返しでしつこく感じるかもしれませんが，同じ問題を異なる方法で解くことで，それぞれの方法の違いや使い方を理解することができます．もちろん，**どの方法を用いても結果（ここでは状態方程式）は同じになります．**

　大分配関数 (11.11) は分配関数 (10.9) を用いると次のように書くことができます．

$$\Xi(T,V,\mu) = \sum_{N=0}^{\infty} e^{\beta\mu N} Z(T,V,N) \tag{11.26}$$

したがって，この式にカノニカル分布で計算する際に求めた分配関数 (10.35)

$$Z = \frac{V^N}{N!}\left(\frac{m}{2\pi\hbar^2\beta}\right)^{3N/2}$$

を代入すると

$$\begin{aligned}\Xi(T,V,\mu) &= \sum_{N=0}^{\infty} e^{\beta\mu N}\frac{V^N}{N!}\left(\frac{m}{2\pi\hbar^2\beta}\right)^{3N/2}\\ &= \sum_{N=0}^{\infty}\frac{1}{N!}\left[\left(\frac{m}{2\pi\beta}\right)^{3/2}\frac{e^{\beta\mu}V}{\hbar^3}\right]^N\end{aligned} \tag{11.27}$$

となります．ここで e^x のマクローリン級数展開 $e^x = \sum_{n=0}^{\infty}\frac{x^n}{n!}$ を用いると

$$\Xi(T,V,\mu) = \exp\left[\left(\frac{m}{2\pi\beta}\right)^{3/2}\frac{e^{\beta\mu}V}{\hbar^3}\right] \tag{11.28}$$

が得られるので，グランドポテンシャルは (11.23) より

$$J(T,V,\mu) = -\frac{1}{\beta}\left(\frac{m}{2\pi\beta}\right)^{3/2}\frac{e^{\beta\mu}V}{\hbar^3} \tag{11.29}$$

となります.

熱力学量の計算

　グランドポテンシャルが (11.29) のように温度 T, 体積 V, 化学ポテンシャル μ の関数として得られたので, (11.19) 〜 (11.21) の熱力学の関係式を用いることで様々な物理量を計算することができます. ここではミクロカノニカル分布やカノニカル分布の計算方法と比較するために, 理想気体の状態方程式を導きましょう. (11.20) を用いて圧力を計算すると, 次のようになります.

$$P = -\frac{\partial J}{\partial V} = \frac{1}{\beta}\left(\frac{m}{2\pi\beta}\right)^{3/2}\frac{e^{\beta\mu}}{\hbar^3} \tag{11.30}$$

　グランドカノニカル分布の方法は, 粒子数 N ではなく化学ポテンシャル μ を変数として扱うため, 圧力も μ の関数として得られます. これを粒子数 N の関数にするには, μ と N の関係を導く必要があります. 次の例題 11 – 2 で, この関係を求めてみましょう.

▌**[例題 11 – 2]**　(11.29) を用いて, 化学ポテンシャル μ を粒子数 N で表しなさい.

　[解]　熱力学の関係式 (11.21) と (11.29) を用いれば, 粒子数 N は

$$N = -\frac{\partial J}{\partial \mu} = \left(\frac{m}{2\pi\beta}\right)^{3/2}\frac{e^{\beta\mu}V}{\hbar^3} \tag{11.31}$$

となります. これを $e^{\beta\mu}$ について解くと

$$e^{\beta\mu} = \frac{N\hbar^3}{V}\left(\frac{m}{2\pi\beta}\right)^{2/3} \tag{11.32}$$

となり, μ を N で表すことができました.　　　　　　　　　　　　　◆

　この関係 (11.32) を (11.30) に代入して化学ポテンシャル μ を消去すると

$$P = \frac{N}{\beta V} = \frac{N k_B T}{V} \tag{11.33}$$

となります. よって, グランドカノニカル分布からも理想気体の状態方程式が得られました.

　カノニカル分布とグランドカノニカル分布のどちらを用いても, マクロな世界で成り立つ理想気体の状態方程式を求めることができました. ただし, 上で見たように, グランドカノニカル分布の方法では, 独立変数が粒子数 N ではなく化学ポテンシャル μ です. そのため, 物理量を粒子数 N の関数として表したい場合には, まず $N = N(\mu)$ のように粒子数 N を化学ポテンシャル μ の関数で表した後, この式を化学ポテンシャルについて解き, $\mu = \mu(N)$ のように化学ポテンシャルを粒子数の関数として表す必要があります.

11.5.2　表 面 吸 着
大分配関数の計算

　熱平衡状態のもとで固体と気体が接すると, 固体の表面に気体分子が吸着します (**表面吸着**). ここでは, 固体の表面に吸着する分子数はどのように表されるかを考えてみましょう.

　固体の表面に気体分子が 1 つだけ吸着できる場所 (吸着サイトといいます) が M 個並んでいるとします (図 11.2). 気体分子がこの吸着サイトに吸着するとサイトのエネルギーが下がり, ゼロから $-\epsilon$ ($\epsilon > 0$) になるとします. このとき, それぞれの吸着サイトは独立であるとし, 吸着サイトの状態が他の吸着サイトの状態に影響しないとします.

　気体の温度を T, 化学ポテンシャルを μ とすると, 気体と固体が熱平衡状態にあることから, 固体表面の温度と化学ポテンシャルも, 同じく T, μ となっています. このとき, グランドカノニカル分布を用いて,

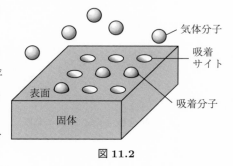

図 11.2

固体表面に気体分子がどれだけ吸着しているかを考えてみましょう.

吸着サイトごとの微視的状態とそのときの吸着サイトのエネルギーは

$$\begin{cases} \text{分子が吸着していない}: E = 0 \\ \text{分子が吸着している}: E = -\epsilon \end{cases} \tag{11.34}$$

とまとめることができます. すると, 1つの吸着サイトに対する大分配関数 Ξ_1 は (11.11) より

$$\Xi_1 = 1 + e^{\beta\epsilon}e^{\beta\mu} \tag{11.35}$$

となります. そして, 独立な吸着サイトが M 個あるので, 全吸着サイトに対する大分配関数 Ξ は (11.35) を M 乗すればよく

$$\Xi = \Xi_1^M = (1 + e^{\beta\epsilon}e^{\beta\mu})^M \tag{11.36}$$

となります.

吸着分子数の計算

大分配関数 Ξ が得られたので, 固体表面に吸着している分子数の平均値は (11.15) より

$$\overline{N} = \frac{1}{\beta}\frac{\partial}{\partial\mu}\log\Xi = \frac{Me^{\beta(\epsilon+\mu)}}{1 + e^{\beta(\epsilon+\mu)}} \tag{11.37}$$

と計算できます. したがって, 気体分子でふさがっている吸着サイトの割合を表す**被覆率**（あるいは**平均吸着率**）は

$$n = \frac{\overline{N}}{M} = \frac{e^{\beta(\epsilon+\mu)}}{1 + e^{\beta(\epsilon+\mu)}} \tag{11.38}$$

と与えられます.

さらに, 気体が理想気体であるとして, (11.30) の圧力の式を用いて (11.38) の化学ポテンシャルを消去すると

$$n = \frac{P}{P + P_0(T)} \tag{11.39}$$

となります. ただし,

$$P_0(T) = k_\mathrm{B} T e^{-\epsilon/k_\mathrm{B}T} \left(\frac{m k_\mathrm{B} T}{2\pi\hbar^2} \right)^{3/2} \tag{11.40}$$

は温度のみで決まる圧力の単位をもった関数です．(11.39) を**ラングミュアーの等温吸着式**といい，平均吸着率と圧力の関係をグラフにすると図 11.3 のようになります．

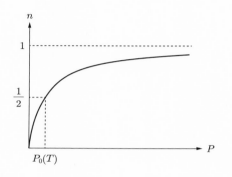

図 11.3

章 末 問 題

11 - 1 粒子数のゆらぎ $\overline{N^2} - \overline{N}^2$ が

$$\overline{N^2} - \overline{N}^2 = k_\mathrm{B} T \frac{\partial \overline{N}}{\partial \mu} \tag{11.41}$$

で表されることを示しなさい．

11 - 2 体積 V の中にある粒子数 N_A の原子と粒子数 N_{A_2} の分子が $A + A \leftrightarrow A_2$ に従って解離状態と非解離状態で共存しているとき（これを解離平衡といいます），平衡定数 $K = [N_{A_2}]/[N_A]^2$ が

$$K = V \frac{Z_{A_2}}{Z_A^2} \tag{11.42}$$

で与えられることを示しなさい．ここで，$[N_A] = N_A/V$，$[N_{A_2}] = N_{A_2}/V$ であり，Z_A と Z_{A_2} はそれぞれ A と A_2 の分配関数です．また，A と A_2 は自由粒子と見なせるとします．

様々な分布

　このコラムの内容は，具体的な工学への応用とは直接関係のない内容ですが，統計力学を様々な問題に応用する上で重要です．11.4 節で表にまとめたように，統計力学を使って熱力学量を計算するときには，注目する系がどのような環境にあるかに応じて，ミクロカノニカル，カノニカル，グランドカノニカルなどの異なる分布を考えました．実は，他にも様々な分布が存在します．

　グランドカノニカル分布では，エネルギーと粒子数が変化しますが，体積は固定されているような状況を扱い，状態は (T, V, μ) で表されました．しかし，例えば，粒子が動く壁に閉じ込められている場合，体積は変化します（圧力は一定）．このとき，エネルギーと粒子数と体積が変化することになるため，グランドカノニカル分布を適用する状況とは異なります．そこで，このような場合では，状態が (T, P, μ) で指定されるような分布を考えます．この場合も，ミクロとマクロを結ぶ関係式を求めることができ，ミクロな情報から熱力学量を計算することが可能です．

　他にも，ミクロカノニカル分布では，状態が (U, V, N) で指定されましたが，(U, P, N) で指定されるような分布を考えることもできます．このように，考えたい環境に応じて柔軟に分布を選び，その分布ごとにミクロとマクロをつなぐ関係式を求めることができます．

　本文中でも述べたように，統計力学で様々な分布が出てくるのは，注目する系がどのようなマクロな環境にあるかに応じて，ミクロな状態を表す便利な分布があるからです．似たような分布が出てくることで，はじめのうちは混乱するかもしれませんが，「状況に応じていろいろな分布を使うことができるんだ」というくらいにポジティブに捉えるのが良いでしょう．

12 量子統計の基礎

　これまで，ミクロな世界とマクロな世界がどのようにつながっているかを学んできましたが，1つ重要な性質については触れてきませんでした．それは，**量子力学に従う同種粒子は互いに区別がつかない**，というものです．

　古典力学では，1つ1つの粒子 i の運動状態は，座標 $r_i(t)$ と速度 $v_i(t)$ で表されます．そして，ニュートンの運動方程式を解けば，時間とともに粒子の運動状態がどのように変化するかがわかるので，それぞれの粒子がいつどこにいるかを指定することができました．すなわち，粒子同士を区別することができました．しかし，ミクロな世界では，不確定性原理により粒子の位置と速度を同時に正確に決めることができないため，古典力学のように，それぞれの粒子の運動を個々に追うことはできません．そのため，粒子同士を互いに区別することができないのです．

　これまでも，粒子が互いに区別できないことによる数えすぎを除くために $N!$ で割るということをしてきましたが，それでは十分ではありません．同種粒子を区別できないという性質は，多粒子系を表す波動関数に基本的な制限を課すことになり，その結果，粒子の**統計性**というものが現れます．

12.1　同種多粒子系の波動関数

12.1.1　同種粒子と波動関数の対称性

　一般に，N 個の同種粒子が位置 $r_1, r_2, \cdots, r_N$ にいるとき，N 個の粒子の波動関数は $\psi(r_1, r_2, \cdots, r_N)$ と表されます．ここでは簡単のため，2個の同種粒子の波動関数を考えてみましょう．

　粒子1が位置 r_1 にあり，粒子2が位置 r_2 にあるときの波動関数を $\psi(r_1, r_2)$ とすると，粒子1が位置 r_2 にあり，粒子2が位置 r_1 にあるときは $\psi(r_2, r_1)$ となります．量子力学では，不確定性原理により粒子の位置と速度を同時に正確に決めることができないので，粒子1と粒子2を区別で

きません. そのため, 粒子の位置を入れ替えただけの $\psi(\boldsymbol{r}_1, \boldsymbol{r}_2)$ と $\psi(\boldsymbol{r}_2, \boldsymbol{r}_1)$ は同じ状態を表すことになります. したがって, $\psi(\boldsymbol{r}_1, \boldsymbol{r}_2) = \psi(\boldsymbol{r}_2, \boldsymbol{r}_1)$ としたいところですが, 2.3.1 項で説明したように波動関数は定数倍しても同じ状態を表すので,

$$\psi(\boldsymbol{r}_1, \boldsymbol{r}_2) = \alpha \psi(\boldsymbol{r}_2, \boldsymbol{r}_1) \qquad (\alpha \text{ は定数}) \tag{12.1}$$

と書けます. 同様に,

$$\psi(\boldsymbol{r}_2, \boldsymbol{r}_1) = \alpha \psi(\boldsymbol{r}_1, \boldsymbol{r}_2) \tag{12.2}$$

としてもよく, (12.2) を (12.1) に代入すると

$$\alpha^2 = 1 \tag{12.3}$$

が得られるので, これを解くと

$$\alpha = \pm 1 \tag{12.4}$$

となります.

この結果は, 2 つの粒子の位置を入れ替えると, 波動関数はプラスの符号がつく場合とマイナスの符号がつく場合の 2 パターンになることを示しています. すなわち,

$$\psi(\boldsymbol{r}_2, \boldsymbol{r}_1) = \pm \psi(\boldsymbol{r}_1, \boldsymbol{r}_2) \tag{12.5}$$

ということです.

実は, この 2 パターンの違いは, 2 つの異なる種類の粒子が存在することを表しています.

位置を入れ替えたとき, プラスの符号がつく粒子を**ボース粒子（ボソン）**といい, **光子**や**ヒッグス粒子**が含まれます. 一方で, マイナスの符号がつく粒子を**フェルミ粒子（フェルミオン）**といい, **電子**や**陽子**や**中性子**などが含まれます. このように, 粒子の位置の入れ替えに伴って波動関数の符号が異なる性質を, **波動関数の対称性**といいます.

12.1.2 理想量子気体の波動関数

同種粒子が互いに相互作用しない場合（これを**理想量子気体**といいます）について，波動関数の対称性から得られる大切な性質を見ていきましょう.

1つの粒子が位置 r_1 にいる場合の量子状態は，エネルギー固有状態の波動関数 $\phi_i(r_1)$ を用いて表すことができます. ここで，i は1粒子の i 番目のエネルギー固有状態を表します. 以下では，多粒子の状態と区別するために，1粒子のエネルギー固有状態を **1粒子状態**といいます.

では，2つの粒子が r_1 と r_2 にいる場合，その量子状態はどのように表現できるでしょうか？　この場合，粒子同士は相互作用しないので，単純にそれぞれの粒子の1粒子状態を表す波動関数の積で表現してみましょう. つまり，r_1 にいる粒子が i 番目の1粒子状態，r_2 にいる粒子が j 番目の1粒子状態であるとすれば，2つの粒子の波動関数は

$$\psi(r_1, r_2) = \phi_i(r_1)\phi_j(r_2) \tag{12.6}$$

とします. しかし，この状態は，同種粒子が区別できないことによる波動関数の対称性 (12.5) を満たしません. 2つの粒子の波動関数が (12.5) を満たすためには，次の例題 12‒1 で示すように，

$$\psi(r_1, r_2) = C\left[\phi_i(r_1)\phi_j(r_2) \pm \phi_j(r_1)\phi_i(r_2)\right] \tag{12.7}$$

が成り立たなければなりません. ここで，C は波動関数を規格化するための定数で，プラスの符号がボース粒子，マイナスの符号がフェルミ粒子を表します.

[例題 12‒1]　2つの粒子の波動関数が (12.7) で与えられるとき，波動関数の対称性 (12.5) が満たされることを示しなさい.

[解]　(12.7) の r_1 と r_2 を入れ替えた $\psi(r_2, r_1)$ は

$$\begin{aligned}\psi(r_2, r_1) &= C\left[\phi_i(r_2)\phi_j(r_1) \pm \phi_j(r_2)\phi_i(r_1)\right]\\ &= C\left[\phi_j(r_1)\phi_i(r_2) \pm \phi_i(r_1)\phi_j(r_2)\right]\\ &= C\left[\pm\phi_i(r_1)\phi_j(r_2) + \phi_j(r_1)\phi_i(r_2)\right]\end{aligned}$$

$$= \pm C \left[\phi_i(\boldsymbol{r}_1) \phi_j(\boldsymbol{r}_2) \pm \phi_j(\boldsymbol{r}_1) \phi_i(\boldsymbol{r}_2) \right]$$
$$= \pm \psi(\boldsymbol{r}_1, \boldsymbol{r}_2) \tag{12.8}$$

となり，確かに波動関数の対称性 (12.5) が満たされています．　　　　◆

　2 つの粒子の波動関数 (12.7) から，ボース粒子とフェルミ粒子の本質的な違いが得られます．いま，仮に 2 つの粒子が同じ 1 粒子状態をとるとしましょう．すなわち，(12.7) で $i = j$ とすると，プラスの符号のボース粒子に対しては特別なことは起きませんが，フェルミ粒子はマイナスの符号のため，

$$\psi(\boldsymbol{r}_1, \boldsymbol{r}_2) = 0 \tag{12.9}$$

となり，そのような状態は存在しないということになります．つまり，2 つのフェルミ粒子が同じ 1 粒子状態をとることはできないということです[1]．フェルミ粒子のもつこの性質を**パウリの排他原理**といい，一般に，**2 つ以上のフェルミ粒子は，同じ 1 粒子状態をとることができない**，とまとめられます．

　一方，ボース粒子の場合はこのようなことはなく，複数のボース粒子が同じ 1 粒子状態をとることが可能です．

　このように同種粒子が区別できないことから，自然界の粒子を 2 種類に分け，しかもフェルミ粒子とボース粒子のそれぞれの粒子で状態のとり方が全く異なるということが結論されるのです．

12.2　フェルミ統計とボース統計

　パウリの排他原理により，フェルミ粒子は同じ 1 粒子状態を占めることができないので，同じ 1 粒子状態を占めることのできる粒子数（これを

---

　[1]　いまの説明では，7.4 節で説明したスピンについては考えませんでしたが，より正確には，2 つのフェルミ粒子はスピンを含めて同じ状態をとることができない，と表現することができます．例えば，2 つの電子について考えると，スピンの上向きと下向きではスピンが異なるため，同じエネルギー固有状態をとることができますが，スピンの上向き同士，あるいは下向き同士の場合，スピンが同じなので波動関数がゼロとなり，同じエネルギー固有状態をとることはできません．

占有数といいます）は $n = 0, 1$ の 2 つに限られます．一方，ボース粒子の場合は占有数は $n = 0, 1, 2, \cdots$ となり，いくつもの粒子が同じ 1 粒子状態をとることができます．したがって，フェルミ粒子とボース粒子の違いは占有数の違いと捉えることができます．これが粒子の**統計性**とよばれる性質で，フェルミ粒子の統計性を**フェルミ統計**，ボース粒子の統計性を**ボース統計**といいます．表に，フェルミ粒子とボース粒子の違いをまとめました．

粒子の種類	具体例	2つの粒子の入れ替えによる波動関数の符号	同じ状態をとれるか
フェルミ粒子	電子，正孔，陽子，中性子	変化する	とれない
ボース粒子	光子，ヒッグス粒子	変化しない	とれる

これまで同種粒子の状態は，ある粒子が 1 粒子状態 i にある，というように表現していました．しかし，同種粒子は区別できないことから，どの粒子がどの 1 粒子状態にいるかはわかりません．むしろ，

図 12.1

占有数を使って，ある 1 粒子状態 i には粒子が n_i 個いる，と表現する方が自然です．そこで今後は，同種粒子のミクロな状態を表す方法として，1 粒子状態ごとの占有数 n_i を用いることにします．すなわち，占有数が量子力学的な状態を指定する数（量子数）になります（図 12.1）.

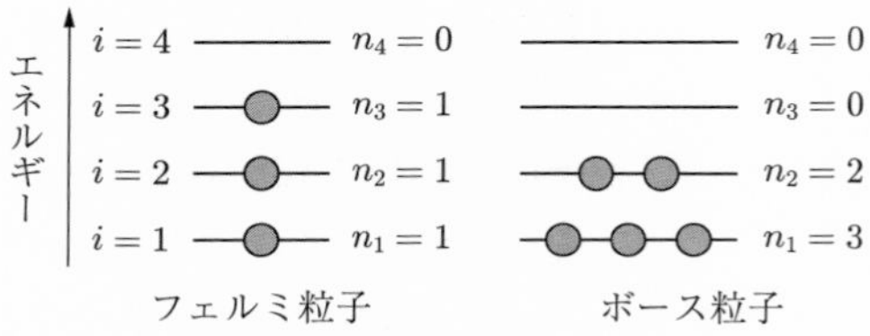

占有数 n_i を用いると，全粒子数 N は

$$N = \sum_i n_i \tag{12.10}$$

となります．また，1 粒子状態 i のエネルギーを ϵ_i とすれば，全エネルギー E は

$$E = \sum_i \epsilon_i n_i \tag{12.11}$$

となります.

12.3 フェルミ分布関数とボース分布関数

12.3.1 大分配関数とグランドポテンシャル

占有数で同種粒子の状態を表すと,フェルミ粒子であれば $n_i = 0, 1$,ボース粒子であれば $n_i = 0, 1, 2, \cdots$ のように 1 粒子状態 i ごとの粒子数が変化します.このような場合,フェルミ粒子やボース粒子などの熱平衡状態の性質を調べるには,グランドカノニカル分布の方法を用いるのが便利です.そこで,まず最初にフェルミ粒子とボース粒子の大分配関数を求めてみましょう.

大分配関数 (11.11) に,占有数を用いた粒子数とエネルギーの式 (12.10) と (12.11) を代入すると

$$\Xi(T, V, \mu) = \sum_{N=0}^{\infty} \sum_{\sum_k n_k = N} \exp\left[-\beta \sum_i (\epsilon_i - \mu) n_i\right] \qquad (12.12)$$

となります.ここで 2 番目の和は,全粒子数が N であるという条件のもとで,$\{n_k\} = (n_1, n_2, \cdots)$ について和をとることを意味します.ところが,1 番目の N についての和を無限大までとることから,この有限の N まで和をとるという条件を外すことができます.すると

$$\begin{aligned}
\Xi(T, V, \mu) &= \sum_{n_1} \sum_{n_2} \cdots \exp\left[-\beta \sum_i (\epsilon_i - \mu) n_i\right] \\
&= \sum_{n_1} e^{-\beta(\epsilon_1 - \mu) n_1} \sum_{n_2} e^{-\beta(\epsilon_2 - \mu) n_2} \cdots \\
&= \prod_i \sum_{n_i} e^{-\beta(\epsilon_i - \mu) n_i}
\end{aligned} \qquad (12.13)$$

と非常にすっきりとした形になります.ここで,$\prod_i$ は直積を表します.

占有数 n_i は,フェルミ粒子の場合は $n_i = 0, 1$,ボース粒子の場合は $n_i = 0, 1, 2, \cdots$ の値をとるので,和の範囲はフェルミ粒子とボース粒子で異なります.そこで,それぞれの場合について場合分けをし,計算を進めてみましょう.

フェルミ粒子の場合

　フェルミ粒子の場合は，占有数は $n_i = 0, 1$ なので (12.13) の和は

$$\sum_{n_i = 0}^{1} e^{-\beta(\epsilon_i - \mu)n_i} = 1 + e^{-\beta(\epsilon_i - \mu)} \tag{12.14}$$

となります．よって，フェルミ粒子の大分配関数は

$$\Xi(T, V, \mu) = \prod_i \left[1 + e^{-\beta(\epsilon_i - \mu)} \right] \tag{12.15}$$

となります.

　続けて，グランドポテンシャルも計算してみると，(11.23) よりフェルミ粒子のグランドポテンシャルは

$$J = -\frac{1}{\beta} \sum_i \log \left[1 + e^{-\beta(\epsilon_i - \mu)} \right] \tag{12.16}$$

となります.

ボース粒子の場合

　ボース粒子の場合は，占有数は $n_i = 0, 1, 2, \cdots$ なので (12.13) の和は

$$\sum_{n_i = 0}^{\infty} e^{-\beta(\epsilon_i - \mu)n_i} = 1 + e^{-\beta(\epsilon_i - \mu)} + e^{-2\beta(\epsilon_i - \mu)} + \cdots \tag{12.17}$$

となります．これは初項 1，公比 $e^{-\beta(\epsilon_i - \mu)}$ の等比級数なので

$$\sum_{n_i = 0}^{\infty} e^{-\beta(\epsilon_i - \mu)n_i} = \frac{1}{1 - e^{-\beta(\epsilon_i - \mu)}} \tag{12.18}$$

となり，ボース粒子の大分配関数は

$$\Xi(T, V, \mu) = \prod_i \frac{1}{1 - e^{-\beta(\epsilon_i - \mu)}} \tag{12.19}$$

となります.

　そして，(11.23) を用いると，ボース粒子のグランドポテンシャルは

$$J = \frac{1}{\beta} \sum_i \log \left[1 - e^{-\beta(\epsilon_i - \mu)} \right] \tag{12.20}$$

となります.

12.3.2　フェルミ分布関数

　大分配関数やグランドポテンシャルが得られたので，次に熱力学量を計算してみましょう. まずは，フェルミ粒子について考えます.

　粒子数の平均値は (11.21) と (12.16) を用いると

$$\overline{N} = -\frac{\partial J}{\partial \mu} = \sum_i \frac{e^{-\beta(\epsilon_i - \mu)}}{1 + e^{-\beta(\epsilon_i - \mu)}} = \sum_i \frac{1}{e^{\beta(\epsilon_i - \mu)} + 1} \tag{12.21}$$

となります. この式を見ると粒子数の平均値は，1 粒子状態 i ごとの粒子数の平均値

$$f_{\mathrm{F}}(\epsilon_i) = \frac{1}{e^{\beta(\epsilon_i - \mu)} + 1} \tag{12.22}$$

の和で表されていることがわかります. これを**フェルミ分布関数**といいます.

　フェルミ分布関数を $T = 0$ と $T > 0$ の場合に図示すると図 12.2 のようになります. $T = 0$ では，$\epsilon = \mu$ で $f_{\mathrm{F}} = 1$ から $f_{\mathrm{F}} = 0$ に階段的に変化します. これは，エネルギー $\epsilon = \mu$ までの 1 粒子状態には粒子が 1 つずつ詰まっていて，$\epsilon > \mu$ の 1 粒子状態には粒子が詰まっていないことを表します.

　1 粒子状態を粒子が 1 つずつしか占有できないのは，フェルミ粒子に対するパウリの排他原理のためです. このとき，粒子の詰まった 1 粒子状態の中で最も高いエネルギーを**フェルミエネルギー**といいます. フェルミエネルギーより高いエネルギーの 1 粒子状態には粒子が詰まっておらず，空になっ

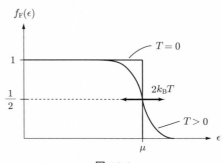

図 12.2

ています．また，図 12.2 から明らかなように，フェルミエネルギーは $T = 0$ での化学ポテンシャルに他なりません．

　$T > 0$ となると，熱エネルギーによりフェルミエネルギーより低い 1 粒子状態にいる粒子がフェルミエネルギーよりも高い 1 粒子状態に励起されます．そのため，$\epsilon = \mu$ より $k_B T$ 程度エネルギーの低い 1 粒子状態でフェルミ分布関数が 1 よりも小さくなり，一方，$\epsilon = \mu$ より $k_B T$ 程度エネルギーの高いところでフェルミ分布関数が値をもつようになります．このとき，$\epsilon = \mu$ を中心として $k_B T$ 程度の 1 粒子状態の分布だけが変化するのは，熱によるエネルギーだけではフェルミエネルギーよりも十分低い 1 粒子状態の粒子を励起させることができないからです．

　フェルミ粒子のエネルギーの平均値は，次の例題 12 - 2 のように (11.18) を用いて計算できます．

[例題 12 - 2]　フェルミ粒子のエネルギーの平均値を (11.18) を用いて求めなさい．

　[解]　(11.18) に大分配関数 (12.15) を代入すると

$$U = \overline{E} = -\frac{\partial}{\partial \beta} \sum_i \log \left[1 + e^{-\beta(\epsilon_i - \mu)} \right] + \frac{\mu}{\beta} \frac{\partial}{\partial \mu} \sum_i \log \left[1 + e^{-\beta(\epsilon_i - \mu)} \right]$$

$$= -\sum_i \frac{-(\epsilon_i - \mu) e^{-\beta(\epsilon_i - \mu)}}{1 + e^{-\beta(\epsilon_i - \mu)}} + \frac{\mu}{\beta} \sum_i \frac{\beta e^{-\beta(\epsilon_i - \mu)}}{1 + e^{-\beta(\epsilon_i - \mu)}}$$

$$= \sum_i \epsilon_i \underbrace{\frac{1}{e^{\beta(\epsilon_i - \mu)} + 1}}_{f_F(\epsilon_i)\ (\because (12.22))}$$

$$= \sum_i \epsilon_i f_F(\epsilon_i) \tag{12.23}$$

となります．　　　　　　　　　　　　　　　　　　　　　　　　　◆

　このように，1 粒子状態 i のエネルギーにその状態におけるフェルミ分布関数を掛けてすべての 1 粒子状態について足し合わせたものが，フェルミ粒子のエネルギーの平均値になります．

12.3.3　ボース分布関数

　次に，ボース粒子について考えます．粒子数の平均値は (11.21) と (12.20) を用いると

$$\overline{N} = -\frac{\partial J}{\partial \mu}$$
$$= \sum_i \frac{e^{-\beta(\epsilon_i - \mu)}}{1 - e^{-\beta(\epsilon_i - \mu)}} = \sum_i \frac{1}{e^{\beta(\epsilon_i - \mu)} - 1} \tag{12.24}$$

となるので，粒子数の平均値は，フェルミ粒子のときと同様に，1 粒子状態 i ごとの粒子数の平均値

$$f_{\mathrm{B}}(\epsilon_i) = \frac{1}{e^{\beta(\epsilon_i - \mu)} - 1} \tag{12.25}$$

の和で表されます．これを**ボース分布関数**といいます．

　ボース分布関数を図示すると図 12.3 のようになり，これを見ると，$\mu > 0$ のとき $\epsilon = \mu$ でボース分布関数が発散していることがわかります．しかし，これでは $\epsilon = \mu$ での粒子数が発散することになり，物理的に意味がありません．

　物理的に意味があるためには，ボース分布関数は $0 < f_{\mathrm{B}}(\epsilon) < \infty$ である必要があります．そして，これを満たすには (12.25) で $e^{\beta(\epsilon - \mu)} > 1$，すなわち $\epsilon - \mu > 0$ でなければならず，

ϵ の最低値をゼロとすれば，これは $\mu < 0$ でなければならないことを示しています．したがって，ボース粒子に対しては，化学ポテンシャルは常に負である，ということになります．

　次の例題 12 - 3 で，ボース粒子のエネルギーの平均値を計算してみましょう．

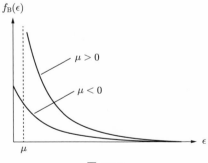

図 **12.3**

[例題 12 – 3]　ボース粒子のエネルギーの平均値を (11.18) を用いて求めなさい.

[解]　エネルギーの平均値の式 (11.18) にボース粒子の大分配関数 (12.19) を代入すると

$$
\begin{aligned}
U = \overline{E} &= \frac{\partial}{\partial \beta} \sum_i \log \left[1 - e^{-\beta(\epsilon_i - \mu)} \right] - \frac{\mu}{\beta} \frac{\partial}{\partial \mu} \sum_i \log \left[1 - e^{-\beta(\epsilon_i - \mu)} \right] \\
&= \sum_i \frac{(\epsilon_i - \mu) e^{-\beta(\epsilon_i - \mu)}}{1 - e^{-\beta(\epsilon_i - \mu)}} - \frac{\mu}{\beta} \sum_i \frac{-\beta e^{-\beta(\epsilon_i - \mu)}}{1 - e^{-\beta(\epsilon_i - \mu)}} \\
&= \sum_i \epsilon_i \frac{1}{e^{\beta(\epsilon_i - \mu)} - 1} = \sum_i \epsilon_i f_{\mathrm{B}}(\epsilon_i)
\end{aligned}
\tag{12.26}
$$

となります.　　　　　　　　　　　　　　　　　　　　　　　　　　◆

　フェルミ粒子の場合と同様に, 1 粒子状態 i のエネルギーにその状態におけるボース分布関数を掛けてすべての状態について足し合わせたものが, ボース粒子のエネルギーの平均値になります.

12.3.4　1 粒子状態密度

　粒子数やエネルギーの平均値のように, 1 粒子状態のエネルギー ϵ_i についての関数 $h(\epsilon_i)$ を i について和をとるには, **1 粒子状態密度**という量を導入すると計算しやすくなります.

　エネルギーが ϵ 以下の 1 粒子状態の数を $\Omega(\epsilon)$ で表すと, 1 粒子状態密度 $D(\epsilon)$ は

$$
D(\epsilon) = \frac{d\Omega(\epsilon)}{d\epsilon}
\tag{12.27}
$$

と定義されます. したがって $D(\epsilon)\, d\epsilon$ は, エネルギーが ϵ と $\epsilon + d\epsilon$ の間にある 1 粒子状態の数を表します. さて, 1 粒子状態をエネルギー区間 $d\epsilon$ ごとに分け, その中で $h(\epsilon_i)$ は一定とします. そして, ϵ と $\epsilon + d\epsilon$ の間にある i について $h(\epsilon_i)$ の和をとると, $h(\epsilon)$ に $d\epsilon$ 内の 1 粒子状態数 $D(\epsilon)\, d\epsilon$ を掛けた $h(\epsilon)\, D(\epsilon)\, d\epsilon$ になります. したがって, これを $0 < \epsilon < \infty$ で積分すれば $h(\epsilon_i)$ の 1 粒子状態に対する和に等しくなり, 次のようになります.

$$\sum_i h(\epsilon_i) \quad \longrightarrow \quad \int_0^\infty h(\epsilon)\, D(\epsilon)\, d\epsilon \tag{12.28}$$

フェルミ分布関数とボース分布関数を $f(\epsilon_i)$ で表すと，粒子数の平均値は (12.21) と (12.24) より

$$\overline{N} = \sum_i f(\epsilon_i) \tag{12.29}$$

となるので，(12.28) を用いると

$$\overline{N} = \int_0^\infty D(\epsilon) f(\epsilon)\, d\epsilon \tag{12.30}$$

のように積分で表すことができます．同様にして，エネルギーの平均値は

$$\overline{E} = \sum_i \epsilon_i f(\epsilon_i) = \int_0^\infty \epsilon\, D(\epsilon)\, f(\epsilon)\, d\epsilon \tag{12.31}$$

のように表すことができます．

また，グランドポテンシャル (12.16)，(12.20) も 1 粒子状態密度 $D(\epsilon)$ を用いて表現することができます．

$$\begin{aligned} J &= \mp k_B T \sum_i \log\left[1 \pm e^{-\beta(\epsilon_i - \mu)} \right] \\ &= \mp k_B T \int_0^\infty D(\epsilon) \log\left[1 \pm e^{-\beta(\epsilon - \mu)} \right] d\epsilon \end{aligned} \tag{12.32}$$

さらに，このグランドポテンシャルは，1 粒子状態の数 $\Omega(\epsilon)$ とフェルミ分布関数やボース分布関数を用いて表現することもできます．

$$\begin{aligned} J &= \mp k_B T \int_0^\infty D(\epsilon) \log\left[1 \pm e^{-\beta(\epsilon - \mu)} \right] d\epsilon \\ &= \pm k_B T \int_0^\infty \frac{d\Omega(\epsilon)}{d\epsilon} \log\left[1 \pm e^{-\beta(\epsilon - \mu)} \right] d\epsilon \\ &= -\int_0^\infty \frac{\Omega(\epsilon) e^{-\beta(\epsilon - \mu)}}{1 \pm e^{-\beta(\epsilon - \mu)}}\, d\epsilon = -\int_0^\infty \Omega(\epsilon) f(\epsilon)\, d\epsilon \end{aligned} \tag{12.33}$$

次の例題 12 - 4 で，1 粒子状態密度の具体例を見てみましょう．

［例題 12 - 4］　1 辺の長さが a の箱の中にある N 個の自由粒子の 1 粒子状態密度を求めなさい.

　［解］　(9.25) で, 1 辺の長さが a の箱の中に粒子が N 個いるときの量子状態の数 $W(E) = D(E) \, \Delta E$ を求めました. したがって, これに $N = 1$ を代入し, $D(E)$ に対応する部分を求めればよく,

$$D(E) = \frac{V}{\Gamma(3/2)} \left(\frac{mE}{2\pi\hbar^2} \right)^{3/2} \frac{1}{E} \tag{12.34}$$

となります. そして, $\Gamma(3/2) = \sqrt{\pi}/2$ を用いて整理すれば,

$$D(E) = \frac{V}{4\pi^2} \left(\frac{2m}{\hbar^2} \right)^{3/2} \sqrt{E} \tag{12.35}$$

となります.　　　　　　　　　　　　　　　　　　　　　　　　　　　◆

12.4　古典極限における理想量子気体

　ここでは, 具体的に 3 次元の箱に閉じ込められた N 個の量子統計に従う自由粒子 (**理想量子気体**) の熱力学的性質について, 量子的な効果がどのように現れるかを調べてみましょう.

12.4.1　熱的ド・ブロイ波長 ～古典らしさと量子らしさ～

　まずは, 古典らしさと量子らしさをどのようにして区別するかについて見てみましょう. 箱に閉じ込められた粒子の数 N は, (12.30) で計算される $\overline{N}$ に等しいので, 3 次元の箱の 1 粒子状態密度 (12.35) を用いると,

$$N = \frac{V}{4\pi^2} \left(\frac{2m}{\hbar^2} \right)^{3/2} \int_0^\infty \frac{\epsilon^{1/2}}{e^{\beta(\epsilon - \mu)} \pm 1} \, d\epsilon \tag{12.36}$$

と表すことができます. ここで, 右辺の積分を実行するために無次元の変数 $x \equiv \beta\epsilon$ と $y \equiv \beta\mu$ $(\beta = 1/k_B T)$ を用いて書き直すと, (12.36) の右辺は

$$((12.36) \text{ の右辺}) = \frac{V}{4\pi^2} \left(\frac{2m}{\hbar^2}\right)^{3/2} \int_0^\infty \frac{\left(\frac{x}{\beta}\right)^{1/2}}{e^{x-y} \pm 1} \, d\left(\frac{x}{\beta}\right)$$

$$= V \left(\frac{2\pi m k_\mathrm{B} T}{h^2}\right)^{3/2} \frac{2}{\sqrt{\pi}} \int_0^\infty \frac{x^{1/2}}{e^{x-y} \pm 1} \, dx \qquad (12.37)$$

となるので，(12.36) は

$$\frac{N}{V} \left(\frac{h^2}{2\pi m k_\mathrm{B} T}\right)^{3/2} = \frac{2}{\sqrt{\pi}} \int_0^\infty \frac{\sqrt{\pi}}{e^{x-y} \pm 1} \, dx \qquad (12.38)$$

となります．ここで，左辺に現れた長さの次元をもった量を

$$\lambda_\mathrm{T} \equiv \frac{h}{\sqrt{2\pi m k_\mathrm{B} T}} \qquad (12.39)$$

と定義し，これを**熱的ド・ブロイ波長**といいます．熱的ド・ブロイ波長は，温度 T の熱平衡状態にある粒子の量子力学的な波動としての波長を表しています．

さらに，右辺の積分を

$$I_\pm(y) \equiv \frac{2}{\sqrt{\pi}} \int_0^\infty \frac{\sqrt{x}}{e^{x-y} \pm 1} \, dx \qquad (12.40)$$

とおき，λ_T と $I_\pm$ を用いると，(12.38) は

$$\lambda_\mathrm{T}^3 \frac{N}{V} = I_\pm(y) \qquad (12.41)$$

とまとめることができます．

ところで，$\left(\dfrac{V}{N}\right)^{1/3} \equiv d$ は体積 V の箱の中にある N 個の粒子同士の平均的な間隔を表すので，熱的ド・ブロイ波長 λ_T と粒子間隔 d の大小関係を比較することで，考えている系が古典的か量子的かを区別することができます（図 12.4 では粒子を波束で表しています）．$\lambda_\mathrm{T} \ll d$ のときは，粒子間隔に比べて波長が短いので，それぞれが局在していることになり，粒子の波動性を無視（＝古典的）できます．一方，$\lambda_\mathrm{T} \gg d$ のときは粒子間隔に比べて波長が長いので，近くの波同士が干渉を起こすなど，波動性が顕著

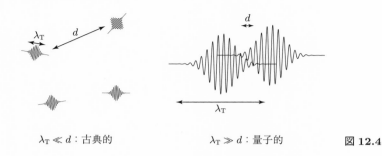

$\lambda_{\mathrm{T}} \ll d$：古典的　　　　　$\lambda_{\mathrm{T}} \gg d$：量子的　　　　図 **12.4**

（＝量子的）になります．特に，後者のような条件にある量子気体を**縮退量子気体**といいます．

12.4.2　古典極限における理想量子気体のグランドポテンシャル

前項で述べたような観点で改めて関係式 (12.41) を見ると，$I_{\pm}(y) = (\lambda_{\mathrm{T}}/d)^3$ と表せることから

$$I_{\pm}(y) \ll 1 \qquad (12.42)$$

であれば $\lambda_{\mathrm{T}} \ll d$ となり，古典的な状況に近づくことがわかります．これを**古典極限**といいます．

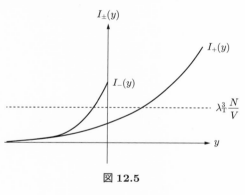

図 **12.5**

$I_{\pm}(y)$ をグラフで表すと図 12.5 のようになるので，$I_{\pm}(y) \ll 1$ という条件は，$y \to -\infty$ あるいは，$e^y \ll 1$ であることがわかります．もともとの記号を用いれば，これは $e^{\beta\mu} \ll 1$ ということです．古典極限のもとで，$I_{\pm}(y)$ を近似的に計算してみましょう．

$$I_{\pm}(y) = \frac{2}{\sqrt{\pi}} \int_0^{\infty} \frac{x^{1/2} e^{-x+y}}{1 \pm e^{-x+y}} \, dx$$

$$\simeq \frac{2}{\sqrt{\pi}} \int_0^{\infty} x^{1/2} e^{-x+y} \left(1 \mp e^{-x+y}\right) \, dx$$

$$= \frac{2}{\sqrt{\pi}} e^y \int_0^\infty x^{1/2} e^{-x} \, dx \mp \frac{2}{\sqrt{\pi}} e^{2y} \int_0^\infty x^{1/2} e^{-2x} \, dx$$

$$= e^y \left(1 \mp \frac{e^y}{2^{3/2}} \right) \tag{12.43}$$

ここで，1行目から2行目の変形でマクローリン展開

$$\frac{1}{1 \pm x} \simeq 1 \mp x \tag{12.44}$$

を用い，3行目から4行目の変形で積分公式

$$\int_0^\infty x^{1/2} e^{-x} \, dx = \frac{\sqrt{\pi}}{2} \tag{12.45}$$

$$\int_0^\infty x^{1/2} e^{-2x} \, dx = \frac{1}{4} \sqrt{\frac{\pi}{2}} \tag{12.46}$$

を用いました.

したがって，(12.41) は

$$\lambda_{\mathrm{T}}^3 \frac{N}{V} = e^{\beta\mu} \left(1 \mp \frac{e^{\beta\mu}}{2^{3/2}} \right) \tag{12.47}$$

となり，この関係式から μ あるいは $e^{\beta\mu}$ を粒子数 N の関数として求めることができます.

次に，古典極限における理想量子気体の熱力学的な性質を調べるために，グランドポテンシャルを計算します. 3次元の箱の1粒子状態密度 (12.35) を用いると，1粒子状態の数 $\Omega(\epsilon)$ は (12.27) より

$$\Omega(\epsilon) = \int_0^\epsilon D(\epsilon) \, d\epsilon$$

$$= \frac{2}{3} \frac{1}{4\pi^2} \left(\frac{2m}{\hbar^2} \right)^{3/2} V \epsilon^{3/2} \tag{12.48}$$

となるので，グランドポテンシャルは (12.33) より

$$J = -\frac{2}{3} \frac{1}{4\pi^2} \left(\frac{2m}{\hbar^2} \right)^{3/2} V \int_0^\infty \epsilon^{3/2} f(\epsilon) \, d\epsilon \tag{12.49}$$

となります. これを計算するには，右辺にある次の形をした積分を実行する

必要があります（$f(\epsilon) = 1/(e^{\beta(\epsilon-\mu)} \pm 1)$ を代入しました）.

$$\int_0^\infty \epsilon^{3/2} \frac{1}{e^{\beta(\epsilon-\mu)} \pm 1} \, d\epsilon = \beta^{-5/2} \int_0^\infty \frac{x^{3/2}}{e^{x-y} \pm 1} \, dx$$

$$= \beta^{-5/2} \int_0^\infty \frac{x^{3/2} e^{-x+y}}{1 \pm e^{-x+y}} \, dx \qquad (12.50)$$

ここでも積分をしやすいように，無次元の量 $x \equiv \beta\epsilon$ と $y \equiv \beta\mu$ を使って積分を書き換えました.

古典極限 $(e^{\beta\mu} \ll 1)$ のもとでは (12.50) の積分を

$$\int_0^\infty \frac{x^{3/2} e^{-x+y}}{1 \pm e^{-x+y}} \, dx \overset{(12.44)}{\simeq} \int_0^\infty x^{3/2} e^{-x+y} (1 \mp e^{-x+y}) \, dx$$

$$= e^y \int_0^\infty x^{3/2} e^{-x} \, dx \mp e^{2y} \int_0^\infty x^{3/2} e^{-2x} \, dx$$

$$= \frac{3\sqrt{\pi}}{4} e^y \left(1 \mp \frac{e^y}{2^{5/2}} \right) \qquad (12.51)$$

のように計算することができます. ここで，2 行目から 3 行目の式変形で積分公式

$$\int_0^\infty x^{3/2} e^{-x} \, dx = \frac{3\sqrt{\pi}}{4} \qquad (12.52)$$

$$\int_0^\infty x^{3/2} e^{-2x} \, dx = \frac{3}{16} \sqrt{\frac{\pi}{2}} \qquad (12.53)$$

を用いました. そして (12.49) を用いると，グランドポテンシャルは，

$$J \simeq -\frac{k_\mathrm{B}T}{\lambda_\mathrm{T}^3} V e^{\beta\mu} \left(1 \mp \frac{e^{\beta\mu}}{2^{5/2}} \right) \qquad (12.54)$$

となります.

以上より，グランドポテンシャルが温度 T，体積 V，化学ポテンシャル μ の関数として表されたので，これをもとに様々な熱力学量を計算することができます.

12.4.3 古典極限における理想量子気体の状態方程式

ここでは，圧力を計算してみましょう. (8.46) よりグランドポテンシャルを体積 V で偏微分するだけなので，

$$P = -\frac{\partial J}{\partial V} = \frac{k_{\mathrm{B}}T}{\lambda_{\mathrm{T}}^3} e^{\beta\mu} \left(1 \pm \frac{e^{\beta\mu}}{2^{5/2}} \right) \tag{12.55}$$

と簡単に求めることができます.

さらに, (12.47) を用いて右辺にある化学ポテンシャル μ を消去し, 与えられた粒子数 N で表してみましょう. 見やすくするために $\alpha \equiv \lambda_{\mathrm{T}}^3 N/V$, $z \equiv e^{\beta\mu}$ とおくと, (12.47) は

$$\alpha = z \mp \frac{z^2}{2^{3/2}} \tag{12.56}$$

となります.

目的のためには, z を α の式で表す必要があるので, 古典極限では $z = e^{\beta\mu} \ll 1$ であることに注意して (12.56) を逐次的に解くことにします. すなわち, (12.56) の第 2 項を移項し

$$z = \alpha \pm \frac{z^2}{2^{3/2}} \tag{12.57}$$

として, (12.57) の右辺に現れる z に, 次々に (12.57) の右辺を代入します (これを逐次的に解くといいます). すると

$$z = \alpha \pm \frac{\left(\alpha \pm \dfrac{z^2}{2^{3/2}} \right)^2}{2^{3/2}} + \cdots$$
$$= \alpha \pm \frac{\alpha^2}{2^{3/2}} + \cdots \tag{12.58}$$

となります. $\alpha \ll 1$ なので 3 次以上を無視して, これを (12.55) に代入すれば

$$P \simeq \frac{k_{\mathrm{B}}T}{\lambda_{\mathrm{T}}^3} \left(\alpha \pm \frac{\alpha^2}{2^{5/2}} \right) = \frac{N k_{\mathrm{B}}T}{V} \left(1 \pm \frac{1}{2^{5/2}} \lambda_{\mathrm{T}}^3 \frac{N}{V} \right) \tag{12.59}$$

となり, これより理想量子気体の状態方程式が

$$PV = N k_{\mathrm{B}}T \left(1 \pm \frac{1}{2^{5/2}} \lambda_{\mathrm{T}}^3 \frac{N}{V} \right) \tag{12.60}$$

と求まります. ここで, プラスの符号はフェルミ粒子, マイナスの符号はボース粒子の場合です.

(12.60) において，温度が高い，あるいは密度が小さいような極限，すなわち $\lambda_{\mathrm{T}}^3(N/V) \to 0$ では

$$PV = Nk_{\mathrm{B}}T \qquad (12.61)$$

となり，古典的な理想気体の状態方程式になります．一方，温度が低くなる，あるいは密度が大きくなり，$\lambda_{\mathrm{T}}^3(N/V)$ が大きくなると，量子統計性の影響が (12.58) の右辺第 2 項の補正項として現れ，状態方程式は古典的な理想気体の状態方程式からずれていきます．そしてフェルミ粒子の場合は，圧力が大きくなり，ボース粒子の場合は圧力が小さくなります．これはあたかもフェルミ粒子の間には斥力がはたらき，一方で，ボース粒子の間には引力がはたらくように見えます．もちろん，いずれも相互作用のない自由粒子を扱っているので，この斥力・引力は量子統計性により生じているものです．

このように，同種粒子を見分けることができない，という性質から導かれるフェルミ粒子とボース粒子では，全く異なる熱力学的振る舞いを示すようになるのです．

しかし，ここでは $e^{\beta\mu} \ll 1$ が満たされるような「高温」かつ「低密度」という条件のもとでグランドポテンシャル，そして状態方程式を導出したことに注意してください．上で見たとおり，このような条件でも量子統計性の効果は (12.58) の右辺第 2 項の補正項として現れていますが，「低温」かつ「高密度」の縮退量子気体に対しては，$e^{\beta\mu} \ll 1$ が成り立たないために量子統計性の効果を補正として扱うことはできなくなります．

章 末 問 題

12 - 1 高温では，フェルミ粒子とボース粒子のいずれに対しても，状態 i を占める粒子の平均数 $\overline{n_i}$ は

$$\overline{n_i} \simeq e^{-\beta(\epsilon_i - \mu)} \qquad (12.62)$$

となることを示しなさい．この分布を**ボルツマン分布**といいます．

12 - 2 フェルミ粒子とボース粒子の理想気体について，状態 i を占める粒子数

n_i の平均値 $\overline{n_i}$ のゆらぎ $\overline{n_i^2} - \overline{n_i}^2$ が

$$\overline{n_i^2} - \overline{n_i}^2 = \overline{n_i}(1 \mp \overline{n_i}) \tag{12.63}$$

で表されることを示しなさい．ここで，マイナスの符号はフェルミ粒子，プラスの符号はボース粒子に対応します．

Coffee Break

ボース – アインシュタイン凝縮と超伝導

　ボース粒子の特徴は，1 つの状態にいくつもの粒子が占有することができるということでした．この特徴のため，絶対零度（十分低温）では，マクロな数の粒子が，最もエネルギーの低いたった 1 つの状態（基底状態）を占有することになります．この現象を**ボース – アインシュタイン凝縮**といいます．

　ボース – アインシュタイン凝縮が起きた状態では，マクロな数の粒子が 1 つの（基底状態の）波動関数で表されるため，マクロな数の粒子全体で 1 つの波のような状態になります．量子力学で学んだように，ミクロな世界では粒子と波動の二重性が現れるため，我々が日常で体験するマクロな世界と大きく異なる現象が生じます．ところが，ボース – アインシュタイン凝縮を起こした状態は，ミクロな世界で起きるはずの粒子と波動の二重性がマクロな数の粒子に対して生じます．このようにマクロなサイズで量子力学的な効果が生じることを，**マクロな量子現象**といいます．

　ボース凝縮が生じることによるマクロな量子現象の興味深い例として，**超伝導**や**超流動**があります．超伝導は電荷をもった粒子が，超流動は電荷をもたない粒子が，それぞれ抵抗や粘性を感じることなく流れる現象です．通常の電流や粒子の流れでは，電気抵抗や粘性というものが生じますが，超伝導や超流動では，流れをつくっているマクロな粒子たちが 1 つの波動関数（＝波）で表現されるため，小さな障害物の影響を受けなくなり，抵抗が生じなくなります．

　電気抵抗や粘性はエネルギーの損失に関わります．例えば，超伝導では電気抵抗がゼロになるので，ジュール熱による無駄なエネルギーの損失が生じません．したがって，超伝導物質を送電線に使うことができれば，発電所から各家庭まで，エネルギーを失うことなく電気を運ぶことができるようになります．

13 量子統計の応用

これまでの章で，同種粒子は区別できないという量子力学の原理に基づくと，フェルミ粒子とボース粒子の2種類の粒子が存在し，それぞれ異なる熱力学的性質をもつことがわかりました．ここでは，より具体的に，フェルミ粒子により構成された理想量子気体とボース粒子により構成された理想量子気体の性質を調べます．フェルミ粒子の理想量子気体は，金属や半導体などの固体が示す特性（特に，**固体の電子物性**）を，ボース粒子の理想量子気体は，物体からの**熱放射**などを理解するための出発点となります．

13.1 理想フェルミ気体 ～ 電子気体の場合 ～

金属中の電子は，電子同士のクーロン斥力と結晶を構成する原子核からのクーロン引力を受けながら運動しています．しかし，このような運動は極めて複雑なため，まずは，いずれの力も無視した自由な電子，すなわち理想気体として扱います．また，以下に示すように，室温 ($T \sim 300\,\mathrm{K}$) は金属中の電子にとって「低温」のため，電子を古典的な理想気体と見なすことはできず，縮退した量子気体として扱わなければなりません．

このように，金属中の自由電子（= **電子気体**）は，**理想フェルミ気体**と考えることができます．そして，電子気体として極めて簡略化した取り扱いをするにもかかわらず，電子気体の熱平衡状態の性質から，金属の基本的な特性を明らかにすることができます．そこで，この節では，理想フェルミ気体の熱力学的性質を考えてみましょう．

13.1.1 $T = 0\,\mathrm{K}$ のとき

1辺の長さが L，体積が $V = L^3$ の立方体の金属を考えてみましょう．$T = 0\,\mathrm{K}$ における金属中の N 個の自由電子の状態，すなわち基底状態は，

1 粒子状態にエネルギーの低い順から N 個の
電子を詰めていけば得られます．この系の
1 粒子状態のエネルギーは (4.40) で与えられ
ているので，電子をエネルギーの低い順から
詰めていくと，(k_x, k_y, k_z) 空間において球状
になります（図 13.1）．この球を**フェルミ球**
といいます．またフェルミ球の半径を k_F と
書き，これを**フェルミ波数**といいます．

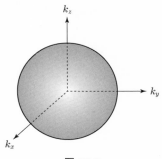

図 13.1

図 9.3 のように，1 粒子状態は量子化によ
り $(2\pi/L)^3 = (2\pi)^3/V$ の割合で分布しているので，フェルミ波数を用いて

$$2\left(\frac{4\pi}{3}k_F^3\right) \bigg/ \frac{(2\pi)^3}{V} = N \tag{13.1}$$

という関係が得られます（電子はスピン 1/2 をもち，各状態に 2 つずつ入
ることができるため，左辺に 2 を掛けています）．これよりフェルミ波数は

$$k_F = \left(3\pi^2 \frac{N}{V}\right)^{1/3} \tag{13.2}$$

となります．そして，この波数に対応する電子のエネルギーは (4.40) より

$$E_F = \frac{\hbar^2 k_F^2}{2m} = \frac{\hbar^2}{2m}\left(\frac{3\pi^2 N}{V}\right)^{2/3} \tag{13.3}$$

となり，これは**フェルミエネルギー**に他なりません（12.3.2 項を参照）．つ
まり，N 個の粒子の中で最も高いエネルギーがフェルミエネルギーとなり
ます．また，フェルミエネルギーに相当する温度を

$$T_F = \frac{E_F}{k_B} \tag{13.4}$$

で定義し，これを**フェルミ温度**といいます．

　フェルミ波数 k_F，フェルミエネルギー E_F，フェルミ温度 T_F は (13.2)〜
(13.4) よりフェルミ粒子の密度 N/V だけで決まります．典型的な金属では
電子数密度が $10^{21}\,\mathrm{cm}^{-3}$ 程度なので，フェルミエネルギーは $E_F \sim 1\,\mathrm{eV}$，

フェルミ温度は $T_F \sim 10^5$ K となります. すると, 室温 $(T \sim 300$ K$)$ におけ
る金属中の電子に対しては $T \ll T_F$ となるので, 室温はフェルミ温度に比
べて十分低温ということになります. したがって, この章のはじめに述べた
ように, 室温における金属中の電子は, 理想フェルミ気体と考えることがで
きます.

13.1.2 $T > 0$ K のとき

次に, 有限温度 $(T > 0$ K$)$ の場合について考えます. ただし, 十分に低
温で, $T \ll T_F$ であるとします. このときの熱力学量を考えてみましょう.
そのために, まずは次のようにグランドポテンシャル (12.49) にフェルミ分
布関数 (12.22) を代入して計算します.

$$J = -2 \cdot \frac{2}{3} \frac{1}{4\pi^2} \left(\frac{2m}{\hbar^2} \right)^{3/2} V \int_0^\infty \frac{\epsilon^{3/2}}{e^{\beta(\epsilon-\mu)} + 1} \, d\epsilon \qquad (13.5)$$

ここで, 電子のスピン自由度（上向きか下向き）を考慮して 2 を掛けてい
ます. このグランドポテンシャルを計算するために, $T \ll T_F$ $(k_B T \ll E_F)$
という条件で

$$I = \int_0^\infty \frac{\epsilon^{3/2}}{e^{\beta(\epsilon-\mu)} + 1} \, d\epsilon = \int_0^\infty g(\epsilon) f_F(\epsilon) \, d\epsilon \qquad (13.6)$$

を計算してみましょう. ただし, $g(\epsilon) = dh(\epsilon)/d\epsilon = \epsilon^{3/2}$ として, 関数 g と
h を導入しました. また, $f_F(\epsilon)$ はフェルミ分布関数 (12.22) です. (13.6)
に部分積分を用いると,

$$I = \int_0^\infty \frac{dh(\epsilon)}{d\epsilon} f_F(\epsilon) \, d\epsilon = - \int_0^\infty h(\epsilon) \frac{df_F(\epsilon)}{d\epsilon} \, d\epsilon \qquad (13.7)$$

となり, このように書き換えることで, 以下のようにして積分計算を進める
ことができます.

(13.7) の積分の中にある $-df_F(\epsilon)/d\epsilon$ は

$$-\frac{df_F(\epsilon)}{d\epsilon} = \frac{\beta e^{\beta(\epsilon-\mu)}}{\left[e^{\beta(\epsilon-\mu)} + 1 \right]^2} \qquad (13.8)$$

となるので, 関数形は図 13.2 のように $\epsilon = \mu$ でピークをもち, 温度が小さ

くなるに従ってピークの幅が狭くなる
ことがわかります. つまり, 温度が
十分低くなると $-df_{\rm F}(\epsilon)/d\epsilon$ は $\epsilon = \mu$
の近傍でしか値をもたなくなります.
すると, $h(\epsilon)$ も $\epsilon = \mu$ 近傍しか積分
に寄与しなくなるので, $h(\epsilon)$ を $\epsilon =$
μ のまわりでテイラー展開します.

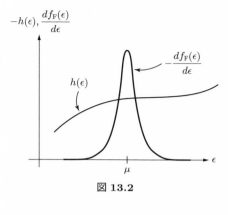

図 **13.2**

$$h(\epsilon) \simeq h(\mu) + h'(\mu)(\epsilon - \mu)$$
$$+ \frac{h''(\mu)}{2!}(\epsilon - \mu)^2$$
$$(13.9)$$

ここで,

$$h'(\mu) = \left.\frac{dh(\epsilon)}{d\epsilon}\right|_{\epsilon = \mu}, \qquad h''(\mu) = \left.\frac{d^2 h(\epsilon)}{d\epsilon^2}\right|_{\epsilon = \mu} \tag{13.10}$$

です. これを用いると (13.7) は

$$I \simeq - \int_{-\infty}^{\infty} \left[h(\mu) + h'(\mu)(\epsilon - \mu) + \frac{h''(\mu)}{2!}(\epsilon - \mu)^2 \right] \frac{df_{\rm F}(\epsilon)}{d\epsilon}\, d\epsilon$$
$$= -h(\mu) \int_{-\infty}^{\infty} \frac{df_{\rm F}(\epsilon)}{d\epsilon}\, d\epsilon - h'(\mu) \int_{-\infty}^{\infty} (\epsilon - \mu) \frac{df_{\rm F}(\epsilon)}{d\epsilon}\, d\epsilon$$
$$- \frac{h''(\mu)}{2!} \int_{-\infty}^{\infty} (\epsilon - \mu)^2 \frac{df_{\rm F}(\epsilon)}{d\epsilon}\, d\epsilon \tag{13.11}$$

となります. ここで, 被積分関数が $\epsilon = \mu$ 近傍でしか値をもたないため,
積分の下限を $-\infty$ に広げました. 続いて, 各項の積分を計算していきましょ
う.

(13.11) の右辺第 1 項目の積分は,

$$\int_{-\infty}^{\infty} \frac{df_{\rm F}(\epsilon)}{d\epsilon}\, d\epsilon = [f_{\rm F}(\epsilon)]_{-\infty}^{\infty} = -1 \tag{13.12}$$

となります. (13.11) の右辺第 2 項目の積分は, (13.8) を用いて, 積分変数
を $x = \beta(\epsilon - \mu)$ とすると

$$-\int_{-\infty}^{\infty}(\epsilon-\mu)\frac{df_{\mathrm{F}}(\epsilon)}{d\epsilon}\,d\epsilon = \frac{1}{\beta}\underbrace{\int_{-\infty}^{\infty}\frac{x}{(e^x+1)(e^{-x}+1)}\,dx}_{0\ (\because\ \text{被積分関数が奇関数})}$$

$$= 0 \tag{13.13}$$

となります.(13.11) の右辺第 3 項目の積分は,第 2 項目の積分と同様に (13.8) を用いて,積分変数を $x=\beta(\epsilon-\mu)$ とすると

$$-\int_{-\infty}^{\infty}(\epsilon-\mu)^2\frac{df_{\mathrm{F}}(\epsilon)}{d\epsilon}\,d\epsilon = \frac{1}{\beta^2}\int_{-\infty}^{\infty}\frac{x^2}{(e^x+1)(e^{-x}+1)}\,dx$$

$$= \frac{2}{\beta^2}\int_{0}^{\infty}\frac{x^2}{(e^x+1)(e^{-x}+1)}\,dx$$

$$= \frac{\pi^2}{3\beta^2} = \frac{\pi^2}{3}(k_{\mathrm{B}}T)^2 \tag{13.14}$$

となります.ここで,1 行目から 2 行目の変形で被積分関数が偶関数であるため積分範囲をゼロから ∞ に変え,2 行目から 3 行目の変形では次の積分公式を用いました.

$$\int_{0}^{\infty}\frac{x^2}{(e^x+1)(e^{-x}+1)}\,dx = \frac{\pi^2}{6} \tag{13.15}$$

以上をまとめると,(13.11) の積分は

$$I \simeq h(\mu) + \frac{\pi^2}{6}h''(\mu)(k_{\mathrm{B}}T)^2 \tag{13.16}$$

となり,この結果を用いると,$0 < T \ll T_{\mathrm{F}}$ における理想フェルミ気体のグランドポテンシャルは

$$J \simeq -2\cdot\frac{4}{15}\frac{1}{4\pi^2}\left(\frac{2m}{\hbar^2}\right)^{3/2}V\mu^{5/2}\left[1 + \frac{5\pi^2}{8}\left(\frac{k_{\mathrm{B}}T}{\mu}\right)^2\right] \tag{13.17}$$

となります.グランドポテンシャルが T, V, μ の関数で与えられているので,これを用いて理想フェルミ気体の熱力学量を計算することができます.

13.1.3 理想フェルミ気体の粒子数 N と化学ポテンシャル μ の関係

理想フェルミ気体の粒子数 N は,(13.17) より

$$N = -\frac{\partial J}{\partial \mu}$$

$$\overset{(13.17)}{\simeq} 2 \cdot \frac{2}{3} \frac{1}{4\pi^2} \left(\frac{2m}{\hbar^2}\right)^{3/2} V \mu^{3/2} \left[1 + \frac{\pi^2}{8}\left(\frac{k_\mathrm{B}T}{\mu}\right)^2\right] \tag{13.18}$$

と表すことができます. ここで, フェルミエネルギー E_F と粒子数 N の関係 (13.3) を用いると

$$2 \cdot \frac{1}{4\pi^2}\left(\frac{2m}{\hbar^2}\right)^{3/2} V = \frac{3}{2}N E_\mathrm{F}^{-3/2} \tag{13.19}$$

となるので, (13.18) は

$$N \simeq N\left(\frac{\mu}{E_\mathrm{F}}\right)^{3/2}\left[1 + \frac{\pi^2}{8}\left(\frac{k_\mathrm{B}T}{\mu}\right)^2\right] \tag{13.20}$$

となります. 等号が成り立つとすれば, これより化学ポテンシャルを

$$\mu = E_\mathrm{F}\left[1 + \frac{\pi^2}{8}\left(\frac{k_\mathrm{B}T}{\mu}\right)^2\right]^{-2/3} \tag{13.21}$$

のように表すことができます. ただし, 右辺にも μ があるので, μ について解けているわけではありません.

そこで, まず, $k_\mathrm{B}T \ll \mu$ としてマクローリン展開 $(1+x)^{2/3} \simeq 1 - 2x/3$ を用いると

$$\mu \simeq E_\mathrm{F}\left[1 - \frac{\pi^2}{12}\left(\frac{k_\mathrm{B}T}{\mu}\right)^2\right] \tag{13.22}$$

が得られます.

さらに, 十分温度が低くなるときは, $\mu \simeq E_\mathrm{F}$ と考えてよいので

$$\mu \simeq E_\mathrm{F}\left[1 - \frac{\pi^2}{12}\left(\frac{k_\mathrm{B}T}{E_\mathrm{F}}\right)^2\right] \tag{13.23}$$

となり, 化学ポテンシャルが得られます. また, フェルミ温度 T_F を用いて

$$\mu \simeq E_{\mathrm{F}}\left[1 - \frac{\pi^2}{12}\left(\frac{T}{T_{\mathrm{F}}}\right)^2\right] \tag{13.24}$$

と表すこともできます．なお化学ポテンシャル μ は，E_{F} や T_{F} を通じて与えられた粒子数 N に依存していることに注意してください．

13.1.4　理想フェルミ気体の圧力 P

理想フェルミ気体の圧力 P は，(13.17) より

$$\begin{aligned}
P &= -\frac{\partial J}{\partial V} \\
&\overset{(13.17)}{\simeq} 2 \cdot \frac{4}{15}\frac{1}{4\pi^2}\left(\frac{2m}{\hbar^2}\right)^{3/2}\mu^{5/2}\left[1 + \frac{5\pi^2}{8}\left(\frac{k_{\mathrm{B}}T}{\mu}\right)^2\right] \\
&= \frac{2}{5}\frac{N}{V}E_{\mathrm{F}}\left(\frac{\mu}{E_{\mathrm{F}}}\right)^{5/2}\left[1 + \frac{5\pi^2}{8}\left(\frac{k_{\mathrm{B}}T}{\mu}\right)^2\right]
\end{aligned} \tag{13.25}$$

となり，(13.24) を用いて右辺の化学ポテンシャル μ を消去すると

$$P = \frac{2}{5}\frac{N}{V}E_{\mathrm{F}}\left[1 + \frac{5\pi^2}{12}\left(\frac{T}{T_{\mathrm{F}}}\right)^2\right] \tag{13.26}$$

となります．したがって，理想フェルミ気体の状態方程式を

$$PV = \frac{2}{5}NE_{\mathrm{F}}\left[1 + \frac{5\pi^2}{12}\left(\frac{T}{T_{\mathrm{F}}}\right)^2\right] \tag{13.27}$$

と求めることができます．

13.1.5　理想フェルミ気体の内部エネルギー U と熱容量 C

理想フェルミ気体の内部エネルギー U は，(11.22) の $U = \dfrac{\partial(\beta J)}{\partial \beta} + \mu N$ にグランドポテンシャル (13.17) と粒子数 (13.18) を代入して計算します．グランドポテンシャルは，(13.17) に (13.19) を用いると

$$J = -\frac{2}{5}NE_{\mathrm{F}}^{-3/2}\mu^{5/2}\left(1 + \frac{5\pi^2}{8}\frac{1}{\mu^2\beta^2}\right) \tag{13.28}$$

となるので，(11.22) の右辺第 1 項は

$$\frac{\partial(\beta J)}{\partial\beta} = -\frac{2}{5}NE_{\mathrm{F}}^{-3/2}\mu^{5/2}\left(1 + \frac{5\pi^2}{8}\frac{1}{\mu^2\beta^2}\right) + \frac{\pi^2}{2}NE_{\mathrm{F}}^{-3/2}\mu^{1/2}\frac{1}{\beta^2} \tag{13.29}$$

となります．また，(11.22) の右辺第 2 項は，(13.18) に (13.19) を代入すると

$$\mu N = NE_{\mathrm{F}}^{-3/2}\mu^{5/2}\left(1 + \frac{\pi^2}{8}\frac{1}{\mu^2\beta^2}\right) \tag{13.30}$$

となるので，(11.22) の内部エネルギーは

$$U = \frac{\partial(\beta J)}{\partial\beta} + \mu N = \frac{3}{5}NE_{\mathrm{F}}^{-3/2}\mu^{5/2}\left(1 + \frac{5\pi^2}{8}\frac{1}{\mu^2\beta^2}\right) \tag{13.31}$$

となります．

さらに，化学ポテンシャルの式 (13.24) を用いると，フェルミエネルギー E_{F} とフェルミ温度 T_{F} を用いて

$$U \simeq \frac{3}{5}NE_{\mathrm{F}}^{-3/2}E_{\mathrm{F}}^{5/2}\underbrace{\left[1 - \frac{\pi^2}{12}\left(\frac{T}{T_{\mathrm{F}}}\right)^2\right]^{5/2}}_{\text{マクローリン展開}}$$

$$\times\left\{1 + \frac{5\pi^2}{8}\left(\frac{T}{T_{\mathrm{F}}}\right)^2\underbrace{\left[1 - \frac{\pi^2}{12}\left(\frac{T}{T_{\mathrm{F}}}\right)^2\right]^{-2}}_{\text{マクローリン展開}}\right\}$$

$$\simeq \frac{3}{5}NE_{\mathrm{F}}^{-3/2}E_{\mathrm{F}}^{5/2}\left[1 - \frac{5\pi^2}{24}\left(\frac{T}{T_{\mathrm{F}}}\right)^2\right]\left\{1 + \frac{5\pi^2}{8}\left(\frac{T}{T_{\mathrm{F}}}\right)^2\left[1 + \frac{\pi^2}{6}\left(\frac{T}{T_{\mathrm{F}}}\right)^2\right]\right\}$$

$$\simeq \frac{3}{5}NE_{\mathrm{F}}^{-3/2}E_{\mathrm{F}}^{5/2}\left[1 - \frac{5\pi^2}{24}\left(\frac{T}{T_{\mathrm{F}}}\right)^2\right]\left[1 + \frac{5\pi^2}{8}\left(\frac{T}{T_{\mathrm{F}}}\right)^2 + \underbrace{\frac{5\pi^4}{48}\left(\frac{T}{T_{\mathrm{F}}}\right)^4}_{0\ (\because\ T\ \text{の高次の項})}\right]$$

$$= \frac{3}{5}NE_{\mathrm{F}}\left[1 - \frac{5\pi^2}{24}\left(\frac{T}{T_{\mathrm{F}}}\right)^2 + \frac{5\pi^2}{8}\left(\frac{T}{T_{\mathrm{F}}}\right)^2 - \underbrace{\frac{25\pi^4}{192}\left(\frac{T}{T_{\mathrm{F}}}\right)^4}_{0\ (\because\ T\ \text{の高次の項})}\right]$$

$$\simeq \frac{3}{5} N E_{\mathrm{F}} \left[1 + \frac{5\pi^2}{12} \left(\frac{T}{T_{\mathrm{F}}} \right)^2 \right] \tag{13.32}$$

と表すことができます.

　以上より内部エネルギー U が得られたので，熱容量 C は次のように簡単に求めることができます.

$$C = \frac{\partial U}{\partial T} = \frac{\pi^2}{2} N k_{\mathrm{B}} \frac{T}{T_{\mathrm{F}}} \tag{13.33}$$

この結果を古典理想気体の熱容量 $3Nk_{\mathrm{B}}/2$ と比較するために割ってみると

$$\left(\frac{\pi^2}{2} N k_{\mathrm{B}} \frac{T}{T_{\mathrm{F}}} \right) \Big/ \left(\frac{3}{2} N k_{\mathrm{B}} \right) = \frac{\pi^2}{3} \frac{T}{T_{\mathrm{F}}} \tag{13.34}$$

となります. ここで，典型的な金属のフェルミ温度 $T_{\mathrm{F}} \sim 10^5\,\mathrm{K}$ と室温 $T \sim 300\,\mathrm{K}$ を用いると，この比は 10^{-3} 程度となり，電子気体の熱容量は古典理想気体の熱容量に比べて非常に小さいことがわかります.

13.2　半導体入門 ～熱平衡状態における半導体の性質～

13.2.1　半　導　体

　工学において重要な半導体の熱平衡状態における特性も，金属の場合と同様に，半導体中の電子を理想フェルミ気体として取り扱うことで理解することができます.

　固体中の電子のエネルギー準位は波数ベクトル $\boldsymbol{k}$ を用いて $\epsilon = \epsilon(\boldsymbol{k})$ と表されます. $\epsilon(\boldsymbol{k})$ に対する具体的な関数形は固体の結晶構造によって変わりますが，一般的な特徴として，電子が存在できないエネルギー準位の領域があります（図 13.3）. このようなエネルギー領域を**バンドギャップ**といいます. そして，バンドギャップ内にフェルミエネルギーが存在

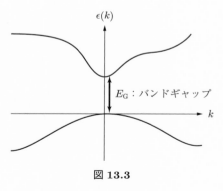

図 13.3

し，かつバンドギャップが数 eV 以下のものを**半導体**といいます（一方，バンドギャップが数 eV より大きなものを**絶縁体**といいます）.

また，フェルミエネルギーより低いエネルギー準位を**価電子帯**，高いエネルギー準位を**伝導帯**といいます. そして，半導体の中でも不純物を含まない半導体を**真性半導体**といいます.

13.2.2　真性半導体の基底状態と励起状態

真性半導体の基底状態（$T = 0\,\mathrm{K}$）では，フェルミエネルギー以下の価電子帯がすべて電子で占有されていますが，一方，伝導帯は電子が全く存在せずに，空になっています. このような状態に外から弱い電場をかけるとどうなるでしょうか？　半導体中の電子は，電場によるエネルギーをもらいますが，すでに価電子帯は電子が詰まっているので，パウリの排他原理により価電子帯の他の状態に行くことはできません. また，バンドギャップがあるため，伝導帯の空の状態に飛び込むこともできません. つまり，電場をかけても電子は動くことができません. これは電流が流れない，ということです.（金属の場合，バンドギャップが存在しないので，フェルミエネルギーのすぐ上に空いている状態があり，電場をかけると電子がそこに移動することができます. つまり，電流が流れます.）

ところが有限温度（$T > 0\,\mathrm{K}$）になると，熱により価電子帯の電子がバンドギャップを飛び越え，伝導帯に励起されます. その結果，伝導帯には電子が，価電子帯には電子の抜け穴（これを**正孔**といいます）が生じることになります. 正孔は，電子が詰まっていたところから電子が抜けた状態なので，正の電荷をもちます. この状態に外から弱い電場をかけると，伝導帯の電子も価電子帯の正孔も動くことができるため，電流が流れます. このように伝導帯の電子や価電子帯の正孔は電流の担い手になるので，**キャリア**とよばれます.

半導体中のキャリアを制御することで，エレクトロニクスへの応用が可能になりますが，キャリアを制御するためには，まず熱平衡状態において半導体中にどれだけキャリアが存在するかを知ることが出発点になります. そこで以下では，**キャリア密度**といわれる電子や正孔の粒子数密度を統計力学の

方法を用いて調べてみましょう.

13.2.3　真性半導体の熱平衡状態

バンドギャップに近いエネルギー領域では,
伝導帯の電子の準位と価電子帯の電子の準位
を

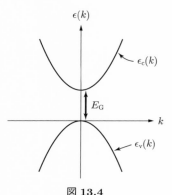

$$\epsilon_c(\boldsymbol{k}) = E_G + \frac{\hbar^2 k^2}{2m_e} \qquad (13.35)$$

$$\epsilon_v(\boldsymbol{k}) = -\frac{\hbar^2 k^2}{2m_h} \qquad (13.36)$$

図 13.4

と表せることが知られています（図 13.4）. こ
こで, 1 辺が L の立方体（体積は $V = L^3$）を
考えると, $\boldsymbol{k}$ は (4.39) の a を L にしたもので表され,

$$\boldsymbol{k} = (k_x, k_y, k_z)$$
$$= \left(\frac{\pi}{L} n_x, \frac{\pi}{L} n_y, \frac{\pi}{L} n_z \right) \qquad (n_x, n_y, n_z = 1, 2, \cdots) \qquad (13.37)$$

となります. また, 添字の c と v はそれぞれ conduction（伝導）と valence
（価電子）を表し, E_G はバンドギャップ, m_e と m_h はそれぞれ電子と正孔
の**有効質量**[1]を表します.

このように, バンドギャップの近傍では電子や正孔の状態をそれぞれ m_e
と m_h の質量をもった自由電子のように扱うことができます（箱の中の自由
電子のエネルギー固有値 (4.40) を思い出してください）. これを**有効質量近
似**といいます. 価電子帯のエネルギー (13.36) にマイナスの符号がついてい
るのは, 価電子帯の上端をエネルギーの原点にとっているためです.

フェルミ分布関数を用いると, 粒子数の平均値は (12.21) で与えられま
す. したがって, 半導体中の電子の総数を N とすると,

---

[1]　半導体などの物質中では, 電子（や正孔）の質量は真空中の電子の質量と異なりま
す. そのため, 物質中の電子（や正孔）の質量に相当する物理量を有効質量といいます.

$$N = 2 \underbrace{\sum_{n_x=1}^{\infty} \sum_{n_y=1}^{\infty} \sum_{n_z=1}^{\infty} \frac{1}{e^{\beta[\epsilon_c(\boldsymbol{k})-\mu]}+1}}_{\text{伝導帯中の電子数}} + 2 \underbrace{\sum_{n_x=1}^{\infty} \sum_{n_y=1}^{\infty} \sum_{n_z=1}^{\infty} \frac{1}{e^{\beta[\epsilon_v(\boldsymbol{k})-\mu]}+1}}_{\text{価電子帯中の電子数}}$$

$$= 2 \underbrace{\sum_{\boldsymbol{k}} \frac{1}{e^{\beta[\epsilon_c(\boldsymbol{k})-\mu]}+1}}_{\text{伝導帯中の電子数}} + 2 \underbrace{\sum_{\boldsymbol{k}} \frac{1}{e^{\beta[\epsilon_v(\boldsymbol{k})-\mu]}+1}}_{\text{価電子帯中の電子数}} \tag{13.38}$$

が成り立ちます. ここで, 2 行目では, 量子数 (n_x, n_y, n_z) の和を波数 $\boldsymbol{k}$ の和としてコンパクトに表しました. また, 各準位ごとに上向きと下向きのスピンをもった電子が入ることができるので, 全体に 2 を掛けています.

ところで, 真性半導体では, $T = 0\,\mathrm{K}$ のとき価電子帯の準位に N 個のすべての電子が入っています. したがって, 全電子数 N は価電子帯の全状態数に等しいので

$$N = 2 \sum_{\boldsymbol{k}} 1 \tag{13.39}$$

と書くことができます. これを (13.38) に代入し, 右辺第 2 項を移項すると

$$\begin{aligned} 2 \sum_{\boldsymbol{k}} \frac{1}{e^{\beta[\epsilon_c(\boldsymbol{k})-\mu]}+1} &= N - 2 \sum_{\boldsymbol{k}} \frac{1}{e^{\beta[\epsilon_v(\boldsymbol{k})-\mu]}+1} \\ &\overset{(13.39)}{=} 2 \sum_{\boldsymbol{k}} \left\{ 1 - \frac{1}{e^{\beta[\epsilon_v(\boldsymbol{k})-\mu]}+1} \right\} \\ &= 2 \sum_{\boldsymbol{k}} \frac{1}{e^{-\beta[\epsilon_v(\boldsymbol{k})-\mu]}+1} \end{aligned} \tag{13.40}$$

となります. この左辺は伝導帯の電子の数

$$N_e = 2 \sum_{\boldsymbol{k}} \frac{1}{e^{\beta[\epsilon_c(\boldsymbol{k})-\mu]}+1} \tag{13.41}$$

を表し, 右辺は全電子数 (13.39) から価電子帯の電子の数を引いたものになるので, 価電子帯の正孔の数

$$N_h = 2 \sum_{\boldsymbol{k}} \frac{1}{e^{-\beta[\epsilon_v(\boldsymbol{k})-\mu]}+1} \tag{13.42}$$

を表しています. すなわち,

$$N_e = N_h \tag{13.43}$$

となります.

　伝導帯の電子の密度 $n_e = N_e/V$ と価電子帯の正孔の密度 $n_h = N_h/V$ を求めるには，波数 $\boldsymbol{k}$ の和をとる必要がありますが，そのままではこれ以上計算を進めることはできません．そこで，以下のように区分求積法の考え方を用いて，和から積分に変換します.

　波数 $\boldsymbol{k}$ の和は，もともと量子数 (n_x, n_y, n_z) の和であることを考えると，これは $\boldsymbol{k} = (k_x, k_y, k_z)$ 空間の格子点ごとのフェルミ分布関数の値を足していくことを表しています（格子点の間隔は $\left(\dfrac{\pi}{L}, \dfrac{\pi}{L}, \dfrac{\pi}{L}\right)$ です).

　ここで，まずは簡単のため，図 13.5 のように 1 次元の場合を考えてみましょう．関数 $f(k)$ について，k 軸上の $\Delta k = \dfrac{\pi}{L}$ の点ごとの $f(k)$ の和である $\displaystyle\sum_k f(k) = \sum_n f\left(\dfrac{n\pi}{L}\right)$ は

$$\sum_n f\left(\frac{n\pi}{L}\right) = \sum_n f\left(\frac{n\pi}{L}\right) \underbrace{\frac{\pi}{L} \times \frac{L}{\pi}}_{1\ (\text{を掛けた})}$$

$$= \frac{L}{\pi} \sum_n f\left(\frac{n\pi}{L}\right) \underbrace{\frac{\pi}{L}}_{\Delta k}$$

$$= \frac{L}{\pi} \sum_k f(k)\, \Delta k \tag{13.44}$$

と書けるので，L が非常に大きいとき，

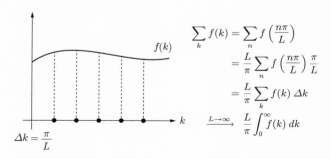

$$\sum_k f(k) = \sum_n f\left(\frac{n\pi}{L}\right)$$

$$= \frac{L}{\pi} \sum_n f\left(\frac{n\pi}{L}\right) \frac{\pi}{L}$$

$$= \frac{L}{\pi} \sum_k f(k)\, \Delta k$$

$$\xrightarrow{L \to \infty}\ \frac{L}{\pi} \int_0^\infty f(k)\, dk$$

図 13.5

$$\sum_k f(k) = \frac{L}{\pi} \sum_k f(k)\,\Delta k \xrightarrow{L \to \infty} \frac{L}{\pi} \int_0^\infty f(k)\,dk \qquad (13.45)$$

となります.

　したがって，3 次元の場合も同様に，$V = L^3$ が十分大きいときは (13.45) を用いて波数の和を積分に変えることができます.

$$\sum_{\boldsymbol{k}} \xrightarrow{V \to \infty} \frac{V}{\pi^3} \int_0^\infty dk_x \int_0^\infty dk_y \int_0^\infty dk_z \qquad (13.46)$$

よって，伝導体の電子の数 (13.41) と価電子帯の正孔の数 (13.42) に対して (13.46) を用いると

$$\begin{aligned}
n_{\mathrm{e}} = \frac{N_{\mathrm{e}}}{V} &= \frac{2}{V} \sum_{\boldsymbol{k}} \frac{1}{e^{\beta[\epsilon_{\mathrm{c}}(\boldsymbol{k}) - \mu]} + 1} \\
&= \frac{2}{\pi^3} \int_0^\infty dk_x \int_0^\infty dk_y \int_0^\infty dk_z \frac{1}{\exp\left[\beta\left(E_{\mathrm{G}} + \dfrac{\hbar^2 k^2}{2m_{\mathrm{e}}} - \mu\right)\right] + 1}
\end{aligned}$$
$$(13.47)$$

$$\begin{aligned}
n_{\mathrm{h}} = \frac{N_{\mathrm{h}}}{V} &= \frac{2}{V} \sum_{\boldsymbol{k}} \frac{1}{e^{-\beta[\epsilon_{\mathrm{v}}(\boldsymbol{k}) - \mu]} + 1} \\
&= \frac{2}{\pi^3} \int_0^\infty dk_x \int_0^\infty dk_y \int_0^\infty dk_z \frac{1}{\exp\left[\beta\left(\dfrac{\hbar^2 k^2}{2m_{\mathrm{h}}} + \mu\right)\right] + 1} \qquad (13.48)
\end{aligned}$$

となります. 後は積分を実行するだけですが，ここで真性半導体の物理的な状況を考慮し，以下のようにさらに積分を近似します.

　典型的な真性半導体であるシリコンのバンドギャップは $E_{\mathrm{G}} = 1.1\,\mathrm{eV}$ で，室温（$T = 300\,\mathrm{K}$）では $k_{\mathrm{B}}T = 25.9\,\mathrm{meV}$ 程度となるので，後でわかるように，化学ポテンシャルはバンドギャップの真ん中あたりに存在することになります. すると室温では (13.47) と (13.48) の被積分関数に含まれる $E_{\mathrm{G}} - \mu \simeq 0.55\,\mathrm{eV}$ と $\mu \simeq 0.55\,\mathrm{eV}$ は，$k_{\mathrm{B}}T = 25.9\,\mathrm{meV}$ に比べてはるかに大きな値になります. そのため $\exp[\beta(E_{\mathrm{G}} - \mu)]$ と $\exp(\beta\mu)$ は 1 に比べて十分大きくなるので，分母の 1 を無視することができます.

これを用いると, (13.47) と (13.48) は

$$
n_{\mathrm{e}} \simeq \frac{2}{\pi^3} \int_0^\infty dk_x \int_0^\infty dk_y \int_0^\infty dk_z \exp\left[-\beta\left(E_{\mathrm{G}} + \frac{\hbar^2 k^2}{2m_{\mathrm{e}}} - \mu\right)\right]
$$

$$
= 2\left(\frac{m_{\mathrm{e}} k_{\mathrm{B}} T}{2\pi\hbar^2}\right)^{3/2} e^{-\beta(E_{\mathrm{G}} - \mu)} \tag{13.49}
$$

$$
n_{\mathrm{h}} \simeq \frac{2}{\pi^3} \int_0^\infty dk_x \int_0^\infty dk_y \int_0^\infty dk_z \exp\left[-\beta\left(\frac{\hbar^2 k^2}{2m_{\mathrm{e}}} + \mu\right)\right]
$$

$$
= 2\left(\frac{m_{\mathrm{h}} k_{\mathrm{B}} T}{2\pi\hbar^2}\right)^{3/2} e^{-\beta\mu} \tag{13.50}
$$

と計算することができます.

[例題 13-1] (13.49) と (13.50) を確かめなさい.

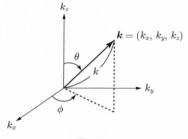

図 13.6

[解] (13.49) も (13.50) も計算の仕方は同じなので, ここでは (13.49) の計算を示しておきます. 波数 $\boldsymbol{k} = (k_x, k_y, k_z)$ に関する積分は, 極座標 (k, θ, ϕ) を用いると簡単に行えます (図 13.6 を参照).

(k_x, k_y, k_z) と (k, θ, ϕ) には, (k_x, k_y, k_z) $= (k\sin\theta\cos\phi, k\sin\theta\sin\phi, k\cos\theta)$ の関係があるので, 積分は

$$
\int_0^\infty dk_x \int_0^\infty dk_y \int_0^\infty dk_z \exp\left[-\beta\left(E_{\mathrm{G}} + \frac{\hbar^2 k^2}{2m_{\mathrm{e}}} - \mu\right)\right]
$$

$$
= \underbrace{\int_0^{\pi/2} d\phi \int_0^{\pi/2} \sin\theta\, d\theta}_{\pi/2} \int_0^\infty k^2\, dk \exp\left[-\beta\left(E_{\mathrm{G}} + \frac{\hbar^2 k^2}{2m_{\mathrm{e}}} - \mu\right)\right]
$$

$$
= \frac{\pi}{2} \exp\left[-\beta(E_{\mathrm{G}} - \mu)\right] \int_0^\infty k^2 \exp\left[-\beta\frac{\hbar^2 k^2}{2m_{\mathrm{e}}}\right] dk \tag{13.51}
$$

となります. 2 行目から 3 行目への変形ではエネルギー $\epsilon_{\mathrm{c}}(\boldsymbol{k})$ が $\boldsymbol{k}$ の方向 (θ と ϕ) に依存しないので, θ と ϕ の積分を実行しました. k に関する積分はガウス積分の公式 (5.41) を用いれば計算でき, (13.49) が得られます. ◆

ここで, 真性半導体であることによる条件 (13.43), すなわち $n_{\mathrm{e}} = n_{\mathrm{h}}$ が成り立つので, (13.49) と (13.50) より

$$e^{\beta\mu} = \left(\frac{m_{\mathrm{h}}}{m_{\mathrm{e}}}\right)^{3/4} e^{\beta E_{\mathrm{G}}/2} \qquad (13.52)$$

が得られます．したがって，化学ポテンシャルは

$$\mu = \frac{1}{2}E_{\mathrm{G}} + \frac{3}{4}k_{\mathrm{B}}T\log\frac{m_{\mathrm{h}}}{m_{\mathrm{e}}} \qquad (13.53)$$

となります．通常，m_{h} は m_{e} の数倍程度なので，$\log(m_{\mathrm{h}}/m_{\mathrm{e}})$ は 1 程度の数になり，室温では (13.53) の右辺第 2 項は右辺第 1 項に比べ，非常に小さくなるので無視できます．したがって室温では，化学ポテンシャルはバンドギャップの真ん中あたりの値をもつことになります．

また，(13.52) を (13.49) と (13.50) に代入すれば

$$n_{\mathrm{e}} = n_{\mathrm{h}} = 2\left(\frac{\sqrt{m_{\mathrm{e}}m_{\mathrm{h}}}k_{\mathrm{B}}T}{2\pi\hbar^2}\right)^{3/2} e^{-\beta E_{\mathrm{G}}/2} \qquad (13.54)$$

が得られ，キャリア密度を温度とバンドギャップの関数で表すことができます．そして，n_{e} と n_{h} の積を計算すると

$$n_{\mathrm{e}}n_{\mathrm{h}} = 4\,(m_{\mathrm{e}}m_{\mathrm{h}})^{3/2}\left(\frac{k_{\mathrm{B}}T}{2\pi\hbar^2}\right)^3 e^{-\beta E_{\mathrm{G}}} \qquad (13.55)$$

となり，温度のみに依存することがわかります．これは化学反応における**質量作用の法則**と同じです．

13.3　理想ボース気体 ～光子気体の場合～

次に，**理想ボース気体**について考えてみましょう．熱平衡状態にある物体は，温度に対応した電磁波（これを**熱放射**といいます）を発することは**黒体放射**という名前でよく知られています．黒体放射の特性を理解することは，例えば，太陽電池を設計するために極めて重要です．

電磁波は量子力学的に取り扱うと，**光子**とよばれる質量がゼロの相互作用をしないボース粒子（これを**光子気体**といいます）として扱えることが知られています．したがって黒体放射のように，電磁波（光子気体）が熱平衡状態にあるとき，光子気体を理想ボース気体と考えることができます．この節

では，熱放射の基本的な性質を理解するために，熱平衡状態における光子気体の熱力学量をボース分布関数を用いて計算してみましょう．

電磁波を量子力学的に取り扱うことにより，光子1つのエネルギーは，光速度 c，波数 $\boldsymbol{k}$ を用いて

$$\epsilon(\boldsymbol{k}) = \hbar c |\boldsymbol{k}| \tag{13.56}$$

で与えられることが知られています．1辺が L で体積 $V = L^3$ の立方体中に光子がいるとすると，電子気体と同様に (13.37) となり，このときの1粒子状態密度 $D(\epsilon)$ は，次の例題 13–2 より

$$D(\epsilon) = 2\frac{4\pi V}{h^3 c^3}\epsilon^2 \tag{13.57}$$

となります．ここで，電磁波は横波なので2つの成分（偏光）があり，それを表すために2を掛けています．

［例題 13–2］ 光子1つのエネルギーが (13.56) のとき，1粒子状態密度が (13.57) となることを示しなさい．

［解］ エネルギー E までの状態数 $\Omega(E)$ は，このエネルギーに対応する波数を $k_E = E/\hbar c$ とすると，k_E までの全波数を数えればよいので

$$
\begin{aligned}
\Omega(E) &= \sum_{\boldsymbol{k}} 1 \\
&\overset{(13.46)}{=} \frac{V}{(2\pi)^3} \underbrace{\int_0^{k_E} dk_x \int_0^{k_E} dk_y \int_0^{k_E} dk_z\, 1}_{\text{極座標 }(k,\theta,\phi)\text{ で表す}} \\
&= \frac{V}{(2\pi)^3} \int_0^{k_E} k^2\, dk \underbrace{\int_0^{\pi} \sin\theta\, d\theta \int_0^{2\pi} d\phi}_{4\pi} \\
&= \frac{4\pi V}{3(hc)^3} E^3 \tag{13.58}
\end{aligned}
$$

となり，1粒子状態密度は

$$D(E) = \frac{d\Omega(E)}{dE} = \frac{4\pi V}{(hc)^3} E^2 \tag{13.59}$$

となります．これに電磁波の偏光を表す2を掛ければ，(13.57) が得られます． ◆

　ところで，立方体の箱に閉じ込められた電磁波は，壁に吸収されたり，壁から放射されたりすることで熱平衡状態になりますが，これは熱平衡状態の光子の数が一定ではないということです．そのため，光子の化学ポテンシャルはゼロでなければなりません（章末問題 13 – 2）.

　そうすると，(12.33) で f をボース分布関数 (12.25)（ただし $\mu = 0$ とする）とすることにより，グランドポテンシャルは

$$J = -\frac{8\pi V}{3(hc)^3} \int_0^\infty \frac{\epsilon^3}{e^{\beta\epsilon}-1}\, d\epsilon = -\frac{8\pi V}{3(hc)^3}(k_{\mathrm{B}}T)^4 \int_0^\infty \frac{x^3}{e^x-1}\, dx \quad (13.60)$$

となります．ただし，無次元の変数 $x \equiv \beta\epsilon$ を用いました．この積分は解析的に求めることができ，$6\pi^4/90$ となることが知られています．よって，この結果を用いると，グランドポテンシャルは次のようになります．

$$J = -\frac{16\pi V}{(hc)^3}\frac{\pi^4}{90}(k_{\mathrm{B}}T)^4 \tag{13.61}$$

　グランドポテンシャルが T と V の関数として得られたので，以下のように熱力学量を計算することができます．

　1. エントロピー

$$S = -\frac{\partial J}{\partial T} = \frac{64\pi^5 k_{\mathrm{B}} V}{90(hc)^3}(k_{\mathrm{B}}T)^3 \tag{13.62}$$

　2. 圧力

$$P = -\frac{\partial J}{\partial V} = \frac{16\pi^5}{90(hc)^3}(k_{\mathrm{B}}T)^4 \tag{13.63}$$

　3. 内部エネルギー

$$U = \frac{\partial(\beta J)}{\partial \beta} = 3VP = \frac{16\pi^5}{30(hc)^3}(k_{\mathrm{B}}T)^4 \tag{13.64}$$

　4. 比熱

$$C = \frac{\partial U}{\partial T} = 3\frac{64\pi^5 k_{\mathrm{B}} V}{90(hc)^3}(k_{\mathrm{B}}T)^3 = 3S \tag{13.65}$$

このうち，光子気体の内部エネルギーと温度の関係 (13.64) は，**シュテファン –ボルツマンの法則**として知られています．

章 末 問 題

13 – 1   理想フェルミ気体のエントロピーを求めなさい.

13 – 2   光子の化学ポテンシャルがゼロとなることを示しなさい.

Coffee Break

太陽光による発電効率の原理限界（SQ 論文）

　現在実用化されている太陽電池による太陽光発電では，太陽光エネルギーから電気エネルギーへの変換効率が最大でも 30%程度です．残りの 70%ものエネルギーは，熱などとして失われてしまいます．これはショックレー – クワイサーの原理限界（SQ 限界）といわれるもので，現在の太陽電池の発電機構に基づく限り，どのような技術的な革新があっても超えられない壁になっています．このため，いかに容易に安価に SQ 限界に近づけるか，あるいは，SQ 限界を超える方法はないのか，という 2 つの方向性で太陽エネルギーの利用方法が研究されています.

　SQ 限界を論じた論文 (Journal of Applied Physics, **32**, 510 (1961)) では，太陽光が太陽電池（半導体）に入射したときにどのようなミクロなプロセスが生じるかを，量子力学と統計力学の基本的な事実だけを用いて導出しています．この論文は，現在の太陽光発電の基本を支えている極めて重要な論文ですが，本書で学んだ量子力学と統計力学の知識をベースにすれば，十分に挑戦できる内容です（もちろん，SQ 論文の含蓄ある内容を全て消化するのは難しいですが）.

　本書を読んだ後，半導体の知識などを少し補強した上で，量子力学と統計力学の少しレベルの高い応用問題として SQ 論文の解読にぜひ挑戦してみてください（はじめから原著論文に取り組むことに抵抗があるようでしたら，SQ 論文をよりわかりやすく解説した『太陽電池のエネルギー変換効率』（喜多 隆 編著，コロナ社）をお薦めします）.

章末問題解答

2 - 1 $\Psi(x,t) = A\sin(kx - \omega t)$ を (2.12) に代入すると，

$$（左辺） = -i\hbar\omega A\cos(kx - \omega t)$$

$$（右辺） = \frac{\hbar^2}{2m}Ak^2\sin(kx - \omega t) + VA\sin(kx - \omega t)$$

となり，シュレーディンガー方程式を満たさない．したがって，$\Psi(x,t) = A\sin(kx - \omega t)$ はシュレーディンガー方程式の解にならない．$\Psi(x,t) = A\cos(kx - \omega t)$ も同様．

2 - 2 ガウス積分の公式 $\int_{-\infty}^{\infty} e^{-x^2/2\sigma^2} = \sqrt{\pi\sigma^2}$ を用いると

$$\int_{-\infty}^{\infty} |\psi(x)|^2\, dx = \frac{1}{\sqrt{\pi\sigma^2}} \int_{-\infty}^{\infty} e^{-x^2/2\sigma^2}\, dx = 1$$

2 - 3 $V(x,t) = V_0(x) - i\Gamma$ を (2.38) に代入すると (2.38) の第 2 項は $-2i\Gamma|\Psi(x,t)|^2$ となる．したがって $\dfrac{d}{dt}\displaystyle\int_{-\infty}^{\infty} |\Psi(x,t)|^2\, dx = -2i\Gamma$ となり，(2.35) とは異なりゼロにならない．その結果，連続の方程式は $\dfrac{\partial\rho}{\partial t} + \dfrac{\partial j}{\partial x} = -\dfrac{\Gamma}{\hbar}\rho$ となり，これは粒子が空間のどこかで生成・消滅することを表す．

3 - 1 エネルギーの期待値の時間微分を計算すると

$$\frac{d}{dt}\langle H\rangle = \frac{d}{dt}\int_{-\infty}^{\infty} \Psi^*(x,t)\hat{H}\Psi(x,t)\, dx = E\frac{d}{dt}\int_{-\infty}^{\infty} |\Psi(x,t)|^2\, dx = 0$$

となる．ここで，最後の変形では波動関数が規格化されているため，積分が定数になり，微分するとゼロになることを用いた．したがって，エネルギーの期待値 $\langle H\rangle$ は時間に依存せず一定である．

3 - 2 x の期待値は

$$\langle x\rangle = \frac{1}{\sqrt{\pi\sigma^2}} \int_{-\infty}^{\infty} x\exp\left(-\frac{x^2}{\sigma^2}\right) dx = 0$$

となる．ここで，最後の変形では被積分関数が奇関数であることを用いた．p の期待値は

$$\langle p \rangle = \frac{1}{\sqrt{\pi\sigma^2}} \int_{-\infty}^{\infty} \exp\left(-\frac{x^2}{2\sigma^2} - ik_0 x\right) \left(-i\hbar\frac{d}{dx}\right) \exp\left(-\frac{x^2}{2\sigma^2} + ik_0 x\right) dx$$

$$= \frac{-i\hbar}{\sqrt{\pi\sigma^2}} \int_{-\infty}^{\infty} \exp\left(-\frac{x^2}{2\sigma^2} - ik_0 x\right) \left(-\frac{x}{\sigma^2} + ik_0\right) \exp\left(-\frac{x^2}{2\sigma^2} + ik_0 x\right) dx$$

$$= \frac{i\hbar}{\pi\sigma^2}\frac{1}{\sigma^2} \int_{-\infty}^{\infty} x\exp\left(-\frac{x^2}{\sigma^2}\right) dx + \frac{\hbar k_0}{\sqrt{\pi\sigma^2}} \int_{-\infty}^{\infty} \exp\left(-\frac{x^2}{\sigma^2}\right) dx$$

$$= \hbar k_0$$

となる．ここで，2 行目から 3 行目の変形のうち，第 1 項目の積分は被積分関数が奇関数なのでゼロであることと，第 2 項目の積分はガウス積分を用いた．

4-1 ハミルトニアンの期待値は

$$\langle H \rangle = \int_0^a \sqrt{\frac{2}{a}}\sin(k_n x)\left(-\frac{\hbar^2}{2m}\frac{d^2}{dx^2}\right)\sqrt{\frac{2}{a}}\sin(k_n x)$$

$$= \frac{\hbar^2 k_n^2}{ma} \int_0^a \sin^2(k_n x)\,dx$$

$$= \frac{\hbar^2 k_n^2}{ma} \int_0^a \frac{1 - \cos(2k_n x)}{2}\,dx$$

$$= \frac{\hbar^2 k_n^2}{ma}\left[\frac{x}{2} - \frac{1}{4k_n}\sin 2k_n x\right]_0^a = \frac{\hbar^2 k_n^2}{2m}$$

ここで，3 つ目の等号で半角の公式を用いた．

4-2 $\Delta p = \dfrac{\pi\hbar}{a}$ より $p \sim \Delta p = \dfrac{\pi\hbar}{a}$ と見積もれるので，$E = \dfrac{p^2}{2m} = \dfrac{\pi^2\hbar^2}{2ma^2}$ となる．これは基底状態のエネルギー固有値である．

4-3 基底状態は，$(n_x, n_y, n_z) = (1, 1, 1)$ となり，縮退数は 1.

第 1 励起状態は n_x, n_y, n_z のうち 2 つが 1 で，残り 1 つが 2 の場合なので，$(n_x, n_y, n_z) = (2, 1, 1), (1, 2, 1), (1, 1, 2)$ となり，縮退数は 3.

第 2 励起状態は n_x, n_y, n_z のうち 2 つが 2 で，残り 1 つが 1 の場合なので，$(n_x, n_y, n_z) = (1, 2, 2), (2, 1, 2), (2, 2, 1)$ となり，縮退数は 3.

第 3 励起状態は n_x, n_y, n_z のうち 1 つが 3 で，残り 2 つが 1 の場合なので，$(n_x, n_y, n_z) = (3, 1, 1), (1, 3, 1), (1, 1, 3)$ となり，縮退数は 3.

第 4 励起状態は n_x, n_y, n_z が 1, 2, 3 の組み合わせなので，$(n_x, n_y, n_z) = (1, 2, 3), (1, 3, 2), (2, 1, 3), (2, 3, 1), (3, 1, 2), (3, 2, 1)$ となり，縮退数は 6.

5-1 運動エネルギー K の期待値は

$$\langle K \rangle = \sqrt{\frac{m\omega}{\pi\hbar}} \int_{-\infty}^{\infty} \exp\left(-\frac{m\omega}{2\hbar}x^2\right)\left(-\frac{\hbar^2}{2m}\frac{d^2}{dx^2}\right)\exp\left(-\frac{m\omega}{2\hbar}x^2\right)dx$$

$$= -\frac{\hbar^2}{2m}\sqrt{\frac{m\omega}{\pi\hbar}}\left(-\frac{m\omega}{\hbar}\right)\int_{-\infty}^{\infty}\exp\left(-\frac{m\omega}{\hbar}x^2\right)dx$$

$$\qquad\qquad -\frac{\hbar^2}{2m}\sqrt{\frac{m\omega}{\pi\hbar}}\left(-\frac{m\omega}{\hbar}\right)^2\int_{-\infty}^{\infty}x^2\exp\left(-\frac{m\omega}{\hbar}x^2\right)dx$$

$$= \frac{\hbar\omega}{4}$$

ただし，最後の変形では第 1 項目の積分で (5.33) を，第 2 項目の積分で (5.41) を用いた．

ポテンシャル V の期待値は

$$\langle V \rangle = \sqrt{\frac{m\omega}{\pi\hbar}}\int_{-\infty}^{\infty}\exp\left(-\frac{m\omega}{2\hbar}x^2\right)\left(\frac{m\omega^2}{2}x^2\right)\exp\left(-\frac{m\omega}{2\hbar}x^2\right)dx$$

$$= \sqrt{\frac{m\omega}{\pi\hbar}}\frac{m\omega^2}{2}\int_{-\infty}^{\infty}x^2\exp\left(-\frac{m\omega}{\hbar}x^2\right)dx = \frac{\hbar\omega}{4}$$

ただし，2 つ目の等号の積分で (5.41) を用いた．

以上より，$\langle K \rangle = \langle V \rangle$ である．

5 - 2　まず，(5.24) を示す．

$$\hat{H}(\hat{a}_+\psi) = \hbar\omega\left(\hat{a}_+\hat{a}_- + \frac{1}{2}\right)(\hat{a}_+\psi) = \hbar\omega\left(\hat{a}_+\hat{a}_-\hat{a}_+ + \frac{1}{2}\hat{a}_+\right)\psi$$

$$= \hbar\omega\hat{a}_+\left(\hat{a}_-\hat{a}_+ + \frac{1}{2}\right)\psi$$

$$= \hbar\omega\hat{a}_+\left(1 + \hat{a}_+\hat{a}_- + \frac{1}{2}\right)\psi = \hat{a}_+\left(\hat{H} + \hbar\omega\right)\psi$$

$$= \hat{a}_+(E + \hbar\omega)\psi = (E + \hbar\omega)\hat{a}_+\psi$$

となり，(5.24) が示された．ここで，2 行目から 3 行目で交換関係 (5.19) から得られる $\hat{a}_-\hat{a}_+ = 1 + \hat{a}_+\hat{a}_-$ を用いた．

次に，(5.25) を示す．

$$\hat{H}(\hat{a}_-\psi) = \hbar\omega\left(\hat{a}_+\hat{a}_- + \frac{1}{2}\right)(\hat{a}_-\psi)$$

$$= \hbar\omega\left(\hat{a}_-\hat{a}_+ + \frac{1}{2} - 1\right)\hat{a}_-\psi = \hbar\omega\hat{a}_-\left(\hat{a}_+\hat{a}_- + \frac{1}{2} - 1\right)\psi$$

$$= \hat{a}_-\left(\hat{H} - \hbar\omega\right)\psi = \hat{a}_-(E - \hbar\omega)\psi = (E - \hbar\omega)\hat{a}_-\psi$$

となり，(5.25) が示された．ここで 1 行目から 2 行目で交換関係 (5.19) から得られる $\hat{a}_+\hat{a}_- = \hat{a}_-\hat{a}_+ - 1$ を用いた．

5-3 (5.10) を用いると

$$\int_{-\infty}^{\infty} f^*(\hat{a}_\pm g)\, dx = \frac{1}{\sqrt{2\hbar m\omega}} \int_{-\infty}^{\infty} f^* \left(\mp\hbar\frac{d}{dx} + m\omega x \right) g\, dx \qquad \text{(S.1)}$$

となる．ここで，右辺第 1 項を部分積分し，十分遠方で波動関数がゼロになることを用いると

$$\int_{-\infty}^{\infty} f^* \frac{dg}{dx}\, dx = -\int_{-\infty}^{\infty} \left(\frac{df}{dx} \right)^* g\, dx$$

となるので，

$$((\text{S.1}) \text{ の右辺}) = \frac{1}{\sqrt{2\hbar m\omega}} \int_{-\infty}^{\infty} \left[\left(\pm\hbar\frac{d}{dx} + m\omega x \right) f \right]^* g\, dx$$

$$= \int_{-\infty}^{\infty} (\hat{a}_\mp f)^* g\, dx$$

となり，(5.62) が示された．

5-4 まず，(5.64) を示す．(5.18) より $\hbar\omega\hat{a}_+\hat{a}_-\psi = \left(E - \dfrac{\hbar\omega}{2} \right)\psi$ となる．また，$E_n = \left(n + \dfrac{1}{2} \right)\hbar\omega$ だから，$E - \dfrac{\hbar\omega}{2} = n\hbar\omega$ となる．したがって，$\hbar\omega\hat{a}_+\hat{a}_-\psi = n\hbar\omega\psi$ となり，(5.64) の $\hat{a}_+\hat{a}_-\psi = n\psi$ が得られる．

次に，(5.65) を示す．(5.23) より $\hbar\omega\hat{a}_-\hat{a}_+\psi = \left(E + \dfrac{\hbar\omega}{2} \right)\psi$ となる．また，$E_n = \left(n + \dfrac{1}{2} \right)\hbar\omega$ だから，$E + \dfrac{\hbar\omega}{2} = (n + 1)\hbar\omega$ となる．したがって，$\hbar\omega\hat{a}_-\hat{a}_+\psi = (n + 1)\hbar\omega\psi$ となり，(5.65) の $\hat{a}_-\hat{a}_+\psi = (n + 1)\psi$ が得られる．

6-1 (6.25) と (6.26) に与えられた数値を代入すると，電子の反射率は $R = 0.12$，電子の透過率は $T = 0.88$ となる．

6-2 (6.62) に与えられた数値を代入すると，それぞれ次のようになる．
(1) $T \simeq 4.5 \times 10^{-10}$, (2) $T \simeq 1.2 \times 10^{-2}$

7-1 (1) （左辺）$= \hat{A}\hat{B}\hat{C} - \hat{B}\hat{C}\hat{A}$．（右辺）$= \hat{A}\hat{B}\hat{C} - \hat{B}\hat{A}\hat{C} + \hat{B}\hat{A}\hat{C} - \hat{B}\hat{C}\hat{A} = \hat{A}\hat{B}\hat{C} - \hat{B}\hat{C}\hat{A}$．したがって，（左辺）$=$（右辺）となり，与式が示された．

(2) $\hat{\boldsymbol{p}}$ の x 成分 $\hat{p}_x$ について示す．$g(\boldsymbol{r})$ を $\boldsymbol{r}$ に関する任意の関数とし，交換関係を g に作用させると

$$[\hat{p}_x, f]g = \hat{p}_x\,(fg) - f\hat{p}_x g$$
$$= -i\hbar\frac{d}{dx}(fg) - f\left(-i\hbar\frac{d}{dx}\right)g$$
$$= -i\hbar\frac{df}{dx}g - i\hbar f\frac{dg}{dx} + i\hbar f\frac{dg}{dx}$$
$$= -i\hbar\frac{d}{dx}f$$

となる．ただし，f と g の $\boldsymbol{r}$ 依存性は省略した．$\hat{p}_y$ と $\hat{p}_z$ についても同様に計算すればよい．

7-2 運動エネルギーの期待値を計算すると

$$\int_{-\infty}^{\infty} \psi^* \left(-\frac{\hbar^2}{2m}\frac{d^2}{dx^2}\right) \psi\,dx = -\frac{\hbar^2}{2m}\left[\psi^*\frac{d\psi}{dx}\right]_{-\infty}^{\infty} + \frac{\hbar^2}{2m}\int_{-\infty}^{\infty}\frac{d\psi^*}{dx}\frac{d\psi}{dx}\,dx$$
$$= \int_{-\infty}^{\infty} -\frac{\hbar^2}{2m}\frac{d^2\psi^*}{dx^2}\psi\,dx$$

ここで，2つ目の等号で部分積分を用い，3つ目の積分では十分遠方で波動関数がゼロであることと部分積分を用いた．したがって，運動エネルギー演算子はエルミート演算子である（エルミート演算子の性質を満たしている）．

7-3 簡単のために1次元の場合で示す．$\hat{A}$ の期待値の時間微分を計算すると

$$\frac{d}{dt}\int_{-\infty}^{\infty} \Psi^*\hat{A}\Psi\,dx = \int_{-\infty}^{\infty}\frac{\partial\Psi^*}{\partial t}\hat{A}\Psi\,dx + \int_{-\infty}^{\infty}\Psi^*\frac{\partial\hat{A}}{\partial t}\Psi\,dx + \int_{-\infty}^{\infty}\Psi^*\hat{A}\frac{\partial\Psi}{\partial t}\,dx$$

$$\text{(S.2)}$$

となる．ここでシュレーディンガー方程式 $i\hbar\dfrac{\partial\Psi}{\partial t} = \hbar H\Psi$ とその複素共役 $-i\hbar\dfrac{\partial\Psi^*}{\partial t} = \hbar H\Psi^*$ を用いると

$$(\text{(S.2) の右辺}) = \int_{-\infty}^{\infty}\frac{-\hat{H}\Psi^*}{i\hbar}\hat{A}\Psi\,dx + \int_{-\infty}^{\infty}\Psi^*\frac{\partial\hat{A}}{\partial t}\Psi\,dx$$
$$+ \int_{-\infty}^{\infty}\Psi^*\hat{A}\frac{\hat{H}\Psi}{i\hbar}\,dx$$

$$\text{(S.3)}$$

となる．$\hat{H}$ はエルミート演算子なので，

$$((\text{S.3 の右辺})) = \frac{i}{\hbar} \int_{-\infty}^{\infty} \Psi^* \hat{H} \hat{A} \Psi \, dx - \frac{i}{\hbar} \int_{-\infty}^{\infty} \Psi^* \hat{A} \hat{H} \Psi \, dx$$

$$+ \int_{-\infty}^{\infty} \Psi^* \frac{\partial \hat{A}}{\partial t} \Psi \, dx$$

$$= \frac{i}{\hbar} \int_{-\infty}^{\infty} \Psi^* \left[\hat{H}, \hat{A} \right] \Psi \, dx + \int_{-\infty}^{\infty} \Psi^* \frac{\partial \hat{A}}{\partial t} \Psi \, dx$$

$$= \frac{i}{\hbar} \langle [\hat{H}, \hat{A}] \rangle + \left\langle \frac{\partial A}{\partial t} \right\rangle$$

以上より，与式が示された．

9 – 1　(1)　ガウス積分の公式を用いて

$$I = \left(\int_{-\infty}^{\infty} e^{-x^2} \, dx \right)^n = (\sqrt{\pi})^n = \pi^{n/2}$$

となる．

(2)　n 次元空間の半径 $r \sim r + dr$ の球殻の体積 $dV_n(r)$ は，(9.48) より $dV_n(r) = na_n r^{n-1} \, dr$. したがって，(9.49) は

$$I = na_n \int_0^{\infty} e^{-r^2} r^{n-1} dr$$

となる．

(3)　(9.50) で $r^2 = t$ とおくと $2r \, dr = dt$ となるので，

$$I = \frac{1}{2} na_n \int_0^{\infty} e^{-t} t^{\frac{n}{2}-1} \, dt = \frac{1}{2} na_n \Gamma \left(\frac{n}{2} \right)$$

となる．

9 – 2　N 個の粒子のうち，N_1 個が状態 1 に，N_2 個が状態 2 にあるとすると，$N = N_1 + N_2$. また，全エネルギーは $E = N_1 \epsilon_1 + N_2 \epsilon_2$ となる．量子状態の数 W は $W = {}_N\mathrm{C}_{N_2} = \dfrac{N!}{N_2!(N - N_2)!}$ となるので，エントロピーは

$$S = k_{\mathrm{B}} \log W = k_{\mathrm{B}} \log \frac{N!}{N_2!(N - N_2)!}$$

$$= k_{\mathrm{B}} \log N! - k_{\mathrm{B}} \log N_2! - k_{\mathrm{B}} \log(N - N_2)!$$

$$\simeq k_{\mathrm{B}} N(\log N - 1) - k_{\mathrm{B}} N_2 (\log N_2 - 1) - k_{\mathrm{B}} (N - N_2) \left[\log(N - N_2) - 1 \right]$$

$$= -N k_{\mathrm{B}} \left[\frac{N_2}{N} \log \frac{N_2}{N} + \left(1 - \frac{N_2}{N} \right) \log \left(1 - \frac{N_2}{N} \right) \right]$$

ここで，2 行目から 3 行目の変形 ($\simeq$) でスターリングの公式 (9.29) を用いた．さ

らに，$N = N_1 + N_2$ と $E = N_1\epsilon_1 + N_2\epsilon_2$ から N_1 と N_2 を N と E で表すと，最終的にエントロピーは

$$S = -Nk_\mathrm{B}\left[\frac{E - N\epsilon_1}{N\Delta\epsilon}\log\left(\frac{E - N\epsilon_1}{N\Delta\epsilon}\right) + \frac{N\epsilon_2 - E}{N\Delta\epsilon}\log\left(\frac{N\epsilon_2 - E}{N\Delta\epsilon}\right)\right]$$

となる．ここで $\Delta\epsilon = \epsilon_2 - \epsilon_1$ を用いた．

　次に熱容量を計算するために，まずエネルギーと温度の関係を求める．$\dfrac{dS}{dE} = \dfrac{1}{T}$ より

$$\frac{k_\mathrm{B}}{\Delta\epsilon}\log\left(\frac{N\epsilon_2 - E}{E - N\epsilon_1}\right) = \frac{1}{T}$$

となるので，これを E について解くと

$$E = \frac{N}{e^{-\beta\epsilon_1} + e^{-\beta\epsilon_2}}\left(\epsilon_1 e^{-\beta\epsilon_1} + \epsilon_2 e^{-\beta\epsilon_2}\right)$$

となる．したがって熱容量は次のようになる．

$$C = \frac{dE}{dT} = \frac{N\Delta\epsilon^2}{k_\mathrm{B}T^2}\frac{e^{-\beta\Delta\epsilon}}{(1 + e^{-\beta\Delta\epsilon})^2}$$

10-1　エネルギーの平均値

$$\overline{E} = \frac{\sum\limits_n E_n e^{-\beta E_n}}{\sum\limits_n e^{-\beta E_n}}\qquad\left(\beta = \frac{1}{k_\mathrm{B}T}\right)$$

を β で微分すると

$$\frac{d\overline{E}}{d\beta} = \frac{\sum\limits_n\left(-E_n^2 e^{-\beta E_n}\right)\sum\limits_n e^{-\beta E_n} + \left(\sum\limits_n E_n e^{-\beta E_n}\right)^2}{\left(\sum\limits_n e^{-\beta E_n}\right)^2}$$

$$= \frac{-\sum\limits_n E_n^2 e^{-\beta E_n}}{\sum\limits_n e^{-\beta E_n}} + \left(\frac{\sum\limits_n E_n e^{-\beta E_n}}{\sum\limits_n e^{-\beta E_n}}\right)^2$$

$$= -\overline{E^2} + \overline{E}^2$$

さらに，$\dfrac{d\overline{E}}{d\beta}$ を T の微分に書き換えると $\dfrac{d\overline{E}}{d\beta} = -k_\mathrm{B}T^2\dfrac{dE}{dT} = -k_\mathrm{B}T^2C$ となるので，与式が成り立つ．

　10-2　系1のエネルギー固有値を E_1^i，系2のエネルギー固有値を $E_2^j, \cdots$ のように表すと，分配関数は

$$Z = \sum_{i,j,k,\cdots} e^{-\beta(E_1^i + E_2^j + E_3^k + \cdots)} = \sum_i e^{-\beta E_1^i} \sum_j e^{-\beta E_2^j} \sum_k e^{-\beta E_3^k} \cdots$$

$$= Z_1 Z_2 Z_3 \cdots$$

となる.

自由エネルギーは

$$F = -k_{\rm B} T \log Z = -k_{\rm B} T \log(Z_1 Z_2 Z_3 \cdots)$$

$$= -k_{\rm B} T \log Z_1 - k_{\rm B} T \log Z_2 - \cdots = F_1 + F_2 + F_3 + \cdots$$

となる.

10-3 1つの粒子に対する分配関数 z は $z = e^{-\beta \epsilon_1} + e^{-\beta \epsilon_2}$ となるので,独立な N 個の粒子に対しては

$$Z = z^N = \left(e^{-\beta \epsilon_1} + e^{-\beta \epsilon_2}\right)^N$$

となる.したがって,エネルギーは

$$E = -\frac{\partial}{\partial \beta} \log Z = N \frac{\epsilon_1 e^{-\beta \epsilon_1} + \epsilon_2 e^{-\beta \epsilon_2}}{e^{-\beta \epsilon_1} + e^{-\beta \epsilon_2}}$$

となり,熱容量は

$$C = \frac{dE}{dT} = -\frac{1}{k_{\rm B} T^2} \frac{dE}{d\beta} = \frac{N \Delta \epsilon^2}{k_{\rm B} T^2} \frac{e^{-\beta \Delta \epsilon}}{(1 + e^{-\beta \Delta \epsilon})^2}$$

となる.ここで $\Delta \epsilon = \epsilon_2 - \epsilon_1$ を用いた.

11-1 粒子数の平均値

$$\overline{N} = \frac{\sum_N \sum_i N e^{-\beta(E_i - \mu N)}}{\sum_N \sum_i e^{-\beta(E_i - \mu N)}}$$

を化学ポテンシャル μ で微分すると

$$\frac{\partial \overline{N}}{\partial \mu} = \frac{\beta \sum_N \sum_i N^2 e^{-\beta(E_i - \mu N)} \sum_N \sum_i e^{-\beta(E_i - \mu N)} - \left(\sum_N \sum_i N e^{-\beta(E_i - \mu N)}\right)^2}{\left(\sum_N \sum_i e^{-\beta(E_i - \mu N)}\right)^2}$$

$$= \beta(\overline{N^2} - \overline{N}^2)$$

となり,$\beta = 1/k_{\rm B} T$ に戻すと与式が成り立つ.

11 - 2　平衡条件 $2\mu_A = \mu_{A_2}$ を用いるために，分子 A と分子 A_2 の化学ポテンシャルをそれぞれの分配関数で表す．A の分配関数 Z_A は 1 分子の分配関数 z_A を用いると $Z_A = \dfrac{1}{N_A!} z_A^{N_A}$ となるので，大分配関数 Ξ_A は

$$
\Xi_A = \sum_{N_A} e^{\beta\mu_A N_A} Z_A = \sum_{N_A} e^{\beta\mu_A N_A} \frac{1}{N_A!} z_A^{N_A}
$$
$$
= \sum_{N_A} \frac{1}{N_A!} \left(e^{\beta\mu_A} z_A \right)^{N_A} = \exp\left(e^{\beta\mu_A} z_A \right)
$$

となる．ここで最後の変形では，指数関数のマクローリン展開の定義を用いた．

これを用いると，分子 A の粒子数の平均値は

$$
\overline{N_A} = \frac{1}{\beta} \frac{\partial}{\partial \mu} \log \Xi_A = e^{\beta\mu_A} z_A
$$

となる．同様にして，分子 A_2 の粒子数の平均値は 1 分子の分配関数 z_{A_2} を用いて

$$
\overline{N_{A_2}} = \frac{1}{\beta} \frac{\partial}{\partial \mu} \log \Xi_{A_2} = e^{\beta\mu_{A_2}} z_{A_2}
$$

となる．

以上より

$$
\mu_A = \frac{1}{\beta} \log \frac{N_A}{z_A}, \qquad \mu_{A_2} = \frac{1}{\beta} \log \frac{N_{A_2}}{z_{A_2}}
$$

となり，これらを平衡条件に代入すると $\dfrac{N_{A_2}}{N_A} = \dfrac{z_{A_2}}{z_A}$ となるので，それぞれの分子の密度を用いると，平衡定数 K が与式で与えられる．

12 - 1　フェルミ粒子とボース粒子のいずれの場合も分布関数は，高温，すなわち $\beta \to 0$ で (12.22) と (12.25) の分母の 1 を無視できるので与式のようになる．

12 - 2　グランドカノニカル分布を用いると，状態 i を占める粒子数 n_i の平均値は

$$
\overline{n_i} = \frac{\displaystyle\sum_{n_i} \sum_i n_i e^{-\beta(\epsilon_i - \mu)n_i}}{\displaystyle\sum_{n_i} \sum_i e^{-\beta(\epsilon_i - \mu)n_i}}
$$

となるので，これを μ で微分すると (章末問題 11 - 1 と同様にして)

$$
\frac{\partial \overline{n_i}}{\partial \mu} = \frac{1}{k_B T} \left(\overline{n_i^2} - \overline{n_i}^2 \right)
$$

となる．

一方，$\overline{n_i} = \dfrac{1}{e^{\beta(\epsilon_i - \mu)} \pm 1}$ なので，

$$\frac{\partial \overline{n_j}}{\partial \mu} = \frac{1}{k_B T} \overline{n_i} \left(1 \mp \overline{n_i}\right)$$

となる．以上より，与式が成り立つ．

13 - 1 (13.17) を用いて $S = -\dfrac{\partial J}{\partial T}$ を計算すると

$$S = \frac{1}{6} \left(\frac{2m}{\hbar^2}\right)^{3/2} V \mu^{1/2} k_B^2 T$$

ここで，

$$N = \frac{1}{3\pi^2} \left(\frac{2m}{\hbar^2}\right)^{3/2} V \mu^{3/2}$$

と $\mu \simeq E_F$ を用いると，$S \simeq \dfrac{\pi^2}{2} N k_B \left(\dfrac{k_B T}{E_F}\right)$ となる．

13 - 2 熱平衡状態は，ヘルムホルツの自由エネルギー F が最小の状態である．光子の熱平衡状態では，粒子数が変化しても F は変化しない．したがって，F を粒子数で微分するとゼロとなる．一方，化学ポテンシャルは，$\mu = \dfrac{\partial F}{\partial N}$ で与えられる．これらを組み合わせると

$$\mu = \frac{\partial F}{\partial N} = 0$$

となり，光子の化学ポテンシャルはゼロであることが示される．

さらに勉強するために

　本書で量子力学と統計力学の基礎を学んだ後であれば，必要に応じて以下のような，より高度な教科書で，さらに量子力学や統計力学の理解を深めることができます．

量 子 力 学

畠山 温 著：『量子力学』（日本評論社，2017 年）

　　本書で扱っている内容に加え，ブラケット表記（波動関数をベクトルとして表す方法），角運動量，水素原子などが取り上げられています．非常に丁寧かつわかりやすく書かれており，本書を執筆する上でも大変参考にさせていただきました．

山本貴博 著：『工学へのアプローチ　量子力学』（裳華房，2020 年）

　　本書で扱っている内容に加え，周期ポテンシャルや電気伝導の量子論などが取り上げられています．著者が専門とする電気伝導の量子論については，高度な内容ながら非常にわかりやすく書かれており，国内には類書がありません．ナノエレクトロニクスに興味をもつ方は必読です．

J. J. Sakurai, Jim Napolitano 著："*Modern Quantum Mechanics, Third Edition*"（Cambridge University Press，2020 年）

　　はじめからブラケット表記が使われているなど，本書に比べて難易度は格段に上がりますが，量子力学を現代的に解説した世界的名著です．本書で量子力学の使い方にある程度慣れた後に読むと，量子力学の理解が深まります．まずは第 1 章だけでも読んでみることをお薦めします．

統 計 力 学

田崎晴明 著：『統計力学 I・II』（培風館，2008 年）

　　本書に比べ，難易度は格段に上がり，分量も多いですが，統計力学を本

質から深く理解するにはこの本で学ぶと良いと思います．本書でも統計力学の導入などで大変参考にさせていただきました．

久保亮五 編：『大学演習　熱学・統計力学（修訂版)』（裳華房，1998 年）

　　熱力学と統計力学の演習書です．各章のはじめに基礎事項の簡潔かつ明快な解説があり，知識の整理に役立ちます．基礎的な問題から難問題までありますが，例題と基礎的な問題 (A) を解くだけでも統計力学の知識が深まります．

索　引

ア

アインシュタイン –
　ド・ブロイの関係式
　6
アインシュタイン模型
　125

イ

1 次元のシュレーディン
　ガー方程式　12
1 粒子状態　162
　―― 密度　170
井戸型ポテンシャル
　36

ウ

運動量演算子　28, 90

エ

AI（人工知能）　146
STM（走査型トンネル
　顕微鏡）　88
エネルギー固有状態
　（エネルギー固有関
　数）　16
エネルギー固有値　16
エネルギーの量子化
　41
エネルギー保存則　101
エルミート演算子　92

エルミート関数　68, 69
エルミート共役演算子
　92
エーレンフェストの定
　理　33
演算子　11
　運動量 ――　28, 90
　座標 ――　28, 90
　消滅 ――　58
　生成 ――　58
　ナブラ ――　12
　ゆらぎ ――　94
エントロピー　99, 101
　混合 ――　145

カ

開放系　112, 147
ガウス積分　61
化学ポテンシャル　107
可換　91
可逆性　102
　不 ――　102
確率変数　25
確率密度　21
確率流密度　21
重ね合わせ　13
　―― の原理　14, 89
価電子帯　189
カノニカル分布　131,
　134
　―― の方法　113

グランド ――　147,
　150
グランド ―― の方法
　113
ミクロ ――　116
ミクロ ―― の方法
　113
カーボンナノチューブ
　51
ガンマ関数　122

キ

期待値　24, 25, 90
基底状態　42
希薄溶液の状態方程式
　103
ギブス – ヘルムホルツ
　の関係式　136
逆温度　133
キャリア　189
　―― 密度　189
境界条件　38

ク

グランドカノニカル分
　布　147, 150
　―― の方法　113
グランドポテンシャル
　104, 109

ケ

原子層物質 51

コ

交換関係 55
交換子 55, 91
光子 6, 161, 195
—— 気体 195
光電効果 6
黒体放射 195
固体の電子物性 180
古典極限 174
古典力学 1
固有関数（固有状態）
　16
　エネルギー —— 16
固有値 16
　エネルギー —— 16
孤立系 112
混合エントロピー 145

サ

座標演算子 28, 90
散乱問題 73

シ

時間に依存しないシュ
　レーディンガー方程
　式 15
磁性体の状態方程式
　103
自然放出 130
実在波解釈 17
質量作用の法則 195
自由粒子 9

—— に対する 1 次元
　のシュレーディン
　ガー方程式 11
縮退 49
—— 量子気体 174
シュテファン – ボルツ
　マンの法則 197
シュレーディンガー方
　程式 2, 12
　1 次元の —— 12
準古典近似 86
準静的 102
状態関数 99, 102
状態方程式 99, 101,
　102
　希薄溶液の —— 103
　ファン・デル・ワー
　ルスの —— 103
　理想気体の —— 102
状態量 100
消滅演算子 58
ショックレー – クワイ
　サーの原理限界 198
人工知能 (AI) 146
真性半導体 189

ス

スターリングの公式
　124
スピン 96
—— 角運動量 97

セ

正孔 189
生成演算子 58
絶縁体 189

ゼロ点エネルギー 42
ゼロ点振動 61
占有数 164

ソ

走査型トンネル顕微鏡
　(STM) 88
束縛状態 70

タ

大分配関数 150

チ

中性子 161
超伝導 179
超流動 179
調和振動子型ポテンシ
　ャル 52
直交性 42

テ

ディープラーニング
　146
ディラック定数 2
デュロン – プティの法
　則 128
典型性 114
電子 161
—— 気体 180
　固体の —— 物性
　180
伝導帯 189

ト

透過率 78
統計性 160, 164

統計力学　100
等重率の原理　115
特殊解（特解）　38
ド・ブロイの物質波　5
ド・ブロイ波長　6
　熱的 ——　173
ドルトンの分圧の法則　144
トンネル効果　73, 81
トンネル電流　88

ナ

内部エネルギー　99, 101
ナブラ演算子　12

ニ

2 準位系　129
ニュートンの運動法則　1
ニュートンの運動方程式　1
ニューラルネットワーク　146

ネ

熱的ド・ブロイ波長　173
熱平衡状態　100
熱放射　180, 195
熱容量　99
熱浴　131
熱力学の基本方程式　104
熱力学の第 1 法則　99, 101

熱力学の第 2 法則　99, 101
熱力学の法則　100
熱・粒子浴　147

ハ

ハイゼンベルクの不確定性原理　46
パウリの排他原理　163
箱型ポテンシャル　46
波束　34
波動関数　2, 10
　—— の規格化　18
　—— の接続条件　77
　—— の対称性　161
ハミルトニアン　12
反射率　78
反転分布　130
半導体　189
　真性 ——　189
バンドギャップ　188

ヒ

ヒッグス粒子　161
被覆率（平均吸着率）　157
表面吸着　156

フ

ファン・デル・ワールスの状態方程式　103
フェルミエネルギー　167, 181
フェルミ温度　181
フェルミ球　181
フェルミ統計　164

フェルミ波数　181
フェルミ分布関数　167
フェルミ粒子（フェルミオン）　161
不可逆性　102
不確定性関係　95
物質波　6
　ド・ブロイの ——　5
プランク定数　2
分配関数　134
　大 ——　150

ヘ

平均吸着率（被覆率）　157
閉鎖系　112
ヘルムホルツの自由エネルギー　99, 104, 135
変数分離　14

ホ

ボース‐アインシュタイン凝縮　179
ボース統計　164
ボース分布関数　169
ボース粒子（ボソン）　161
ポテンシャル障壁　73
ボルツマン因子　134
ボルツマン定数　119
ボルツマンの原理　120
ボルツマン分布　178
ボルンの確率解釈　17

マ

マクロな系　99
マクロな量子現象　179

ミ

ミクロカノニカル分布
　116
　―― の方法　113

ム

無限小過程　103

ユ

有効質量　190
　―― 近似　190

誘導放出　130
ゆらぎ演算子　94

ヨ

陽子　161

ラ

ラングミュアーの等温
　吸着式　158

リ

理想気体の状態方程式
　102
理想混合気体　142
理想フェルミ気体　180
理想ボース気体　195

理想量子気体　162,
　172
粒子と波動の二重性　5
量子化の手続き　11
量子コンピュータ　35
量子状態　41, 89
量子数　41
量子ドット　51
量子ビット　35
量子並列計算　35
量子力学　1, 2

レ

励起状態　42
連続状態　81
連続の方程式　21

著者略歴

小鍋 哲（こなべ さとる）

1979 年　東京都生まれ
2003 年　東京理科大学理学部第一部物理学科卒業
2008 年　東京理科大学大学院理学研究科物理学専攻 博士課程修了
　その後，東京理科大学理学部物理学科助教，筑波大学数理物質系物理学域研究員，東京理科大学総合研究院講師，法政大学生命科学部環境応用化学科准教授.
2023 年　法政大学生命科学部環境応用化学科教授. 博士（理学）.

理工系学生のための 量子力学・統計力学入門

2023 年 7 月 30 日　第 1 版 1 刷 発 行

検印省略

定価はカバーに表示してあります.

著 作 者　　小 鍋 　 哲
発 行 者　　吉 野 和 浩
発 行 所　　東京都千代田区四番町 8-1
　　　　　　電 話 03-3262-9166（代）
　　　　　　郵便番号 102-0081
　　　　　　株式会社 裳 華 房
印 刷 所　　大日本法令印刷株式会社
製 本 所　　大日本法令印刷株式会社

一般社団法人
自然科学書協会会員

JCOPY 〈出版者著作権管理機構 委託出版物〉
本書の無断複製は著作権法上での例外を除き禁じられています. 複製される場合は, そのつど事前に, 出版者著作権管理機構（電話 03-5244-5088, FAX 03-5244-5089, e-mail: info@jcopy.or.jp）の許諾を得てください.

ISBN 978-4-7853-2279-3

© 小鍋 哲, 2023　　Printed in Japan

工学へのアプローチ 量子力学

山本貴博 著　Ａ５判／208頁／定価 2640円（税込）

工学へのアプローチを念頭においた量子力学の入門書．早い段階でシュレーディンガー方程式を導入し，その応用例に触れることで，量子力学的世界観に慣れ親しめるように工夫した．また，むやみに対象とする系を広げず，思い切って１次元系に絞り，必要に応じて２次元系や３次元系への拡張を行うようにした．これによって，数学的な煩雑さを避けながらも，量子力学の基本的な考えや本質を学べるように構成した．エレクトロニクス分野において重要なテーマとなっている「電気伝導の量子論」の基礎についても解説した．

【主要目次】1．ようこそ！　量子の世界へ　2．量子とは何か？　3．シュレーディンガー方程式　4．量子力学における測定　5．束縛電子の量子論　6．散乱電子の量子論　7．周期ポテンシャル中の電子の量子論　8．多粒子系の量子論　9．電気伝導の量子論

物理学講義 統計力学入門

松下 貢 著　Ａ５判／232頁／２色／定価 2860円（税込）

教室で黒板を前に語りかけるような解説で，"丁寧でわかりやすい"と定評のある松下貢先生による「物理学講義」シリーズの最終巻．微視的な世界と巨視的な世界をつなぐ統計力学とはどのように考える分野であるかを，はじめて学ぶ方になるべくわかりやすく解説することを目標にした．最初に，サイコロを例に確率・統計の考え方について解説し，そこから自然と統計力学の考え方へと入っていくようなストーリーとなっている．「問題に対するアプローチの仕方」や「どのアンサンブルを用いるか」「出てきた結果の意味」など，初学者が陥りやすい問題に丁寧に対応した．

【主要目次】1．サイコロの確率・統計　2．多粒子系の状態　3．熱平衡系の統計　4．統計力学の一般的な方法　5．統計力学の簡単な応用　6．量子統計力学入門　7．相転移の統計力学入門

大学初年級でマスターしたい
物理と工学の ベーシック数学

河辺哲次 著　Ａ５判／284頁／定価 2970円（税込）

大学の理工系学部で主に物理と工学分野の学習に必要な基礎数学の中で，特に1，2年生のうちに，ぜひマスターしておいてほしいものを扱った．そのため，学生がなるべく手を動かして修得できるように，具体的な計算に取り組む問題を豊富に盛り込んだ．

【主要目次】1．高等学校で学んだ数学の復習－活用できるツールは何でも使おう－　2．ベクトル －現象をデッサンするツール－　3．微分 －ローカルな変化をみる顕微鏡－　4．積分 －グローバルな情報をみる望遠鏡－　5．微分方程式 －数学モデルをつくるツール－　6．２階常微分方程式－振動現象を表現するツール－　7．偏微分方程式 －時空現象を表現するツール－　8．行列 －情報を整理・分析するツール－　9．ベクトル解析 －ベクトル場の現象を解析するツール－　10．フーリエ級数・フーリエ積分・フーリエ変換 －周期的な現象を分析するツール－